賞主廚　味覺大革命！

輕盈爽口的法式甜點

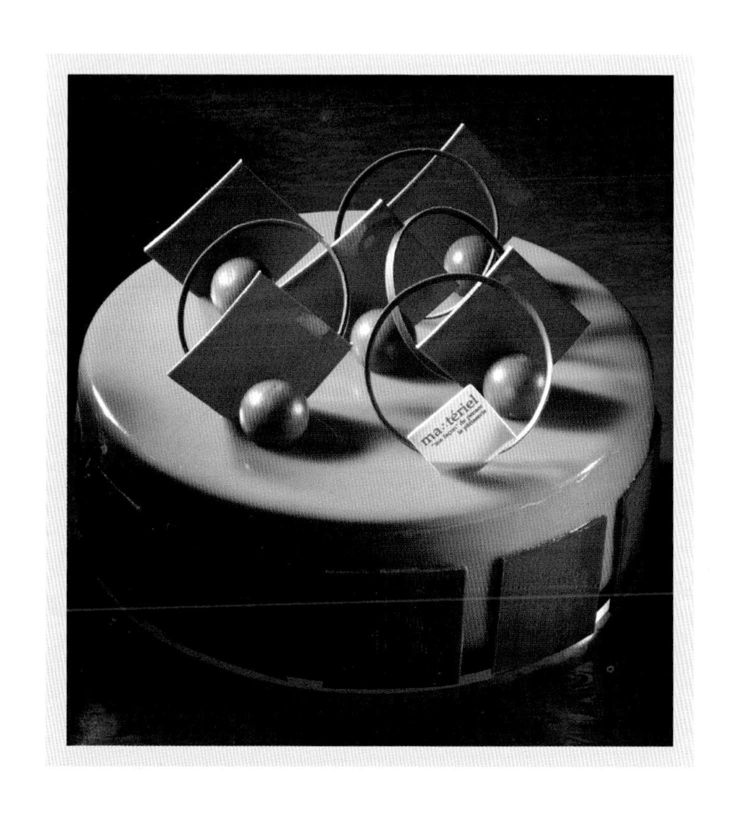

瑞昇文化

CONTENTS

◆本書的主要前提

- 在製作所有的甜點時，對於造型與裝飾，我會以每次當下的靈感為重。特別是高含水量的不烘培菓類，會在每次組合之後觀察其外表，來切成不同形狀或是讓裝飾產生變化。希望各位讀者也能嘗試這種即席性的製作方式，在製作方法的部分特別省略裝飾用的材料與裝飾方法的說明。另外在完成品的尺寸與數量的部分，也有不少部分予以省略。製作時請不用拘泥於照片中範本的造型，各自以自己的想法跟心情來完成最後的修飾。
- 麵粉、可可粉等粉類必須先篩過之後再使用。加入兩種以上的粉類時，則一起進行篩粉。
- 蛋（整顆）、蛋黃、蛋白全都以液態、生的狀態使用。
- 香草蘭豆莢用刀子垂直切開將種子挖出，鞘狀的果實與種子一起使用。
- 乾燥香草，是將用過香草的蘭豆莢乾燥而成。
- 明膠不論板狀還是粉末皆可。事先用水泡軟之後再來使用。「融化的明膠」則是指用事先以微波爐融化的狀態。
- 榛果粉使用沒有去皮的類型。
- 巧克力用微波爐慢慢融化。使用2種以上的巧克力時，則放在一起融化。
- 巧克力會記載可可含量，沒有特別記載的時候則任何一種巧克力都可以使用。
- 沒有特別提到烤箱的電動風門時，風門一律處於關閉的狀態。

對法式甜點深深著迷的道地日本人

在成長的過程中，我一直都生活在純和風的飲食環境之下。受到身為壽司師傅的祖父影響，家中每一餐的基本菜色是味噌湯跟烤魚，直到成年之後才正式體驗到西式料理。在這種環境背景的使然之下，我到現在依然是對脂肪成分較高的料理不感興趣，因此就步入30歲的現代人來說很罕見的，擁有「傳統的日本味覺」。

這樣的我，深深迷上了法式甜點。

在歐洲肉食文化背景之下所誕生的法式甜點，原本目的是為了當作套餐料理的收尾。在食用脂肪成分與蛋白質較多的料理之後，香甜濃厚的甜點非常合適。

在現代飲食健康與輕食文化的影響之下，歐洲當地的甜點也變得不再那麼濃厚。就算如此，對於習慣米飯的日本人來說還是太過沉重。

我個人製作甜點的終極目標，是為了讓客人可以快樂享用來得到滿足。為了達到這點，除了必須注意食用者的喜好之外，還必須考量到他們的生活環境與家中成員等各種因素。

「既然是為了日本人而製作的法式甜點，那應該可以不用太過拘泥於原典，大刀闊斧改成日本人天性覺得好吃的味道不是嗎？」

這個自問自答，讓我在製作甜點時無法忽視日本飲食文化的存在。

尤其是在學生時期，這點讓我感到非常的困擾。按照古典食譜所製作出來的試作品，第一口雖然感到好吃，接下來卻越吃越是痛苦，頂多只能吃到3分之2，沒有一次可以吃完。非常令人懷疑的，自己的味覺對法式甜食的正統派美味感到「厭煩」。一邊懷疑自己味覺上的異常，卻又不願意歸咎於原典，某一時期將自己埋沒在濃厚的巧克力蛋糕中，繞了許多不必要的遠路。

在錯誤與失敗之中不斷重複，一點一滴的，開始可以接受自己這種「喜歡清爽味道」的日本人天性。我們奉行於古典，但沒有必要過度崇拜，忠於自身的味覺，我終於找到了自己應有的風格。

對於日本人來說，法式甜點是一種非日常性的存在。與世間隔離的奢華雖然是一種魅力，但身為一個打從心底熱愛法式甜點的人，真正的願景是希望大家可以更加輕鬆的享用，讓法式甜點成為日常中的一部分。正因為如此，配合日本人味覺的想法才越來越是強烈。

從「甜膩與濃厚」的味道，轉變成「輕盈又爽口」。盡量不去使用日本所不熟悉的材料，用日常中現有的一切來進行製作，這才是最符合自己的風格。甜點所使用的材料本身都已經是加工品，因此工法也不要太過複雜，抱持以精簡的方式引出其中美味的心態，然後就是不要勉強執行太過複雜的技法。熱愛卡士達、鮮奶油、香草的「日式西洋甜點」，我希望我的作品都能確實繼承到這種美味。

雖然被許多甜點愛好家批評為「太過清淡」、「不夠濃郁」，但這對我來說反而是一種誇獎。這類評語反而證明自己「貫徹初衷」，讓我放下一顆心來。

嘗試各種不同的方式之後，終於有辦法可以提供符合自己風格的美味，也讓自己可以用自然的心態來面對法式甜點。對我們來說「享用1個之後謝謝招待」還不夠，自然而然的伸出手來，2、3個輕鬆下肚，才是最讓人感到高興的反應。

符合國人味覺的食譜

纖細、不會太甜小蛋糕與飯後甜點

在製作小蛋糕與飯後甜點時，我特別會去意識到日式風格的口味。把重點放在國人也能輕易食用的爽朗跟輕盈，以及在口中融化與通過喉嚨的感觸。特別是與巧克力相關的甜點，會仔細注意不要有纏住舌頭的感覺。

在修改法式甜點來配合國人的味覺時，最為重要的是不要讓人留下「又甜又膩」的感覺。不過我個人並不會去更改基本的食譜，減少砂糖的用量不但會讓味道變淡，還有可能會讓口感變差。遵守基本配方又能降低黏膩度的秘訣，在於減少舌頭所感受到的甜味。

一般所謂的隱味，可以在此大顯身手。香料的清涼、洋酒的銳利、堅果的苦澀等等，全都可以用來抵消甜味，更進一步突顯主角的味道。

想要讓完成的法式甜點擁有自己的個性，最重要的是注意味道的分配。在各種不同材料的組合之下，要是可以讓人感受到日本料理共通的理念，那種「精簡又纖細的味道」，就表示我所付出的努力並沒有白費。

用口中融化的時間差 來形成清爽的後味

夏爾曼 Charmant

外側為巧克力慕斯，中央為覆盆子果泥與鮮奶油。巧克力跟覆盆子雖然是黃金組合，但附著在舌頭上的巧克力會造成甜膩的感覺。在此突顯覆盆子的個性來予以對抗。放入口中首先會散發出零油脂的果泥所帶來的酸味。接著由濃厚的慕斯支配整個口中，不久之後鮮奶油慢慢擴散開來，最後只留下覆盆子的味道。時間差的秘訣在於利用奶油的油脂讓鮮奶油在口中融化的速渡變慢，形成在舌頭上纏繞的口感。

◆製作方法參閱16頁

紅莓公主

Rouge princesse

草莓與覆盆子，由兩種莓果的芳香綻放出光彩的春季小蛋糕。放入口中一開始可以感受到草莓香堤的爽朗風味，再來則是由覆盆子奶油霜來挑動舌頭。從溫和到強烈，隨著時間展現不同的味道來形成鮮艷的對比，是這道作品最大的樂趣。綠色蛋糕體為開心果風味，不光是果糊，還加上顆粒來為口感增添一些色彩。上方的蛋糕體塗有一層薄薄的白巧克力甘納許，以此當作隱味。在甘納許的牛奶芳香之下，讓國人最喜歡的草莓牛奶的味道可以一直持續到最後。

◈製作方法參閱16頁

蘋果小塔

Tartelette pomme

濃郁的烤蘋果、稀薄水嫩的糖煮水果、黏稠的果醬、鬆脆的酥皮，把蘋果單獨的味道也計算在內，將各種能夠在口中融合的素材集中在一個小塔上的奢侈品。最理想的選擇是正值賞味期的紅玉蘋果，果醬則是選擇酸味較強、不容易煮爛的諾曼第澳洲青蘋的冷凍產品。烤蘋果在實際烘烤之前先以真空狀態醃泡，讓砂糖可以滲透進去。這樣不但能得到濃稠的感覺，還能突顯出良好的口感。

製作方法參閱17頁

盡可能減少氣泡
追求柔嫩與入口即化的感覺

椰子奶凍

Blanc-manger coco

百香芒果的果泥與椰子疊在一起的夏季杯物甜點。滑嫩順口，擁有極致的柔滑感。很適合在炎熱的天氣之中享用，得到許多客戶的支持。舒適口感的秘密在於果泥使用來自海藻的凝固劑，奶凍使用明膠來創造不同的口感。在常溫之下凝固的果泥不具彈力，讓人享受到有如果汁一般的流動性。

◆製作方法參閱17頁

現代巧克力蛋糕

moderne

主要的材料為巧克力、榛果、焦糖等濃厚的陣容，但是用柔滑跟入口即化的口感來降低甜度，並且在整體混入檸檬給人清爽的印象。巧克力慕斯加入較多的蛋黃，借助卵磷脂的力量確實乳化，在不使用明膠的狀態下徹底追求柔軟性。另一方面，檸檬風味巧克力蛋糕體的重點，是倒到深度較深的模具內，以厚實的尺寸烘培。若是按照傳統以薄的尺寸烘培容易讓水分蒸發，必須另外加上糖漿，厚烤的話就算沒有糖漿也能得到良好的濕潤感。這道飯後甜點在美食大賽的味覺項目之中獲得了第一名。

◆製作方法參閱18頁

椰子巧克力錐

Co

用幾乎沒有氣泡的白巧克力慕斯，來包住零氣泡的椰子奶酪（用椰子果泥取代牛奶的固態安格斯鮮奶油）跟苦橙果凍。活用蛋黃的乳化性來強調柔滑的口感。白巧克力溫和的牛奶風味，會在苦橙的清爽跟苦澀之下得到緩和，讓人一口接一口也不會感到膩。「Co」這個名稱代表外觀的圓錐體（Cone）、材料的椰子（Coconut）以及弧形的巧克力裝飾。

◆製作方法參閱18頁

用柑橘展現
清爽的芳香

MC

MC分別代表蒙特利馬爾（Montelimar）與青檸檬（Citron Vert）。使用豐富的堅果跟果皮類，是來自法國南部的鄉土甜點。將蒙特利馬爾的牛軋糖製作成慕斯，跟牛奶巧克力香堤進行組合。用隱藏在香堤之間的萊姆鮮奶油，以及底部與中央夾雜有檸檬皮的蛋糕體來隔絕牛軋糖獨特的香甜，成為爽朗又容易食用的口感。直接保存牛軋糖的溫和與濃郁，成為一道鮮美又不會太過甜膩的作品。

◆製作方法參閱19頁

場景蛋糕

不論哪個世代的族群都能輕鬆享用，以單純的美味做為訴求的聖誕節蛋糕。主角為可可含量較高的巧克力慕斯，中央疊上兩層的白巧克力香堤與橘子鮮奶油。濃厚的苦巧克力與溫和的白巧克力，刻意讓味道強烈的兩者併存，以橘子來進行整合。要是沒有橘子的存在，則會太過濃厚，容易使人感到膩口。用醃泡過的晚崙夏橙來當作隱味。

◆製作方法參閱19頁

白起士蛋糕

fromage

用奶油起士將白起士鮮奶油包起來的，構造極為簡單的起士蛋糕。奶油起士沒有加蛋，純粹以生奶油進行稀釋。白起士則是增添有蛋黃的濃郁，配上檸檬皮跟果汁成為清涼感百分百的鮮奶油。濃厚但不會黏喉，食用之後的感覺也非常清爽。

◈製作方法參閱20頁

雪白蛋糕

Ileinpig

以符合日本人味覺為訴求的小蛋糕，由日本引以為傲的柑橘、柚子擔任主角。在不會太甜的白巧克力慕斯內擠入柚子的果凍鮮奶油，底部鋪上柚子的達可瓦滋。用果汁、果皮、果糊所製作的果凍把柚子的風味全都濃縮在內，並且用酥脆的達可瓦滋來為口感增添一點色彩。在口中融化的巧克力蛋糕體加上水嫩嫩的無花果香堤，把柚子的魅力發揮到極致。

◆製作方法參閱20頁

夏爾曼 第6頁

材料（直徑6公分×高4公分的環型蛋糕模具96個）

巧克力蛋糕體（參閱17頁） …… 適量

●覆盆子果凍
- 覆盆子果泥 …… 850g
- 細砂糖 …… 100g
- 明膠 …… 15g
- 櫻桃酒 …… 11g

●覆盆子鮮奶油
- 蛋（整顆） …… 243g
- 蛋黃 …… 205g
- 細砂糖 …… 170g
- 覆盆子果泥 …… 547g
- 明膠 …… 10g
- 無鹽奶油 …… 250g

●巧克力慕斯
- 蛋黃 …… 1140g
- 轉化糖 …… 320g
- 牛奶 …… 1596g
- 可可含量64%的巧克力 …… 1653g
- 35%生奶油 …… 1767g

冷凍覆盆子（碎粒）、巧克力淋漿（參閱45頁） …… 適量

製作方法

製作巧克力蛋糕體

1 用直徑5公分的模具壓在巧克力蛋糕體的麵團上進行分割。

製作覆盆子果凍

1 將細砂糖加到果泥內攪拌融化。

2 把融化的明膠混入並加上櫻桃酒。

製作覆盆子鮮奶油

1 把整顆的蛋與蛋黃加到鍋子內，混入細砂糖，翻動底部來進行攪拌。

2 加上果泥把火打開，一邊攪拌一邊煮到出現濃稠的感覺。

3 加上明膠，融化之後進行過濾。散熱到40℃為止。

4 加上較為柔軟的蠟狀奶油，攪拌到出現滑嫩為止。

製作巧克力慕斯

1 將蛋黃與轉化糖混合，翻動底部攪拌。

2 加上煮沸的牛奶，在鍋子內一邊攪拌一邊煮到出現黏稠的感覺，然後進行過濾。

3 加上融化的巧克力，乳化之後冷卻到32℃。

4 打到發泡7分之後加入生奶油，攪拌到整體柔滑為止。

組合與修飾

1 把果凍倒到直徑4公分×高2公分的圓型模具中，填滿一半的高度後灑上覆盆子，放到冰箱冷凍凝固。

2 將鮮奶油倒入，將模具填滿，再次放到冰箱冷凍凝固。

3 把巧克力慕斯倒到環型蛋糕模具內，填滿一半的高度。

4 把**2**埋進去，倒入慕斯直達9分滿，疊上蛋糕體後放到冰箱冷凍凝固。

5 上下顛倒過來從模具中卸下，倒上淋漿。用覆盆子來進行裝飾。

可可含量64%的巧克力。為了配合覆盆子的酸味，在此使用酸味較強的巧克力。

紅莓公主 第7頁

材料（57公分×37公分 1片）

●開心果蛋糕體（60公分×40公分的烤盤2份）
- 蛋（整顆） …… 675g
- 杏仁粉 …… 380g
- 糖粉 …… 312g
- 開心果麵糊 …… 190g
- 蛋白霜
  - 蛋白 …… 410g
  - 細砂糖 …… 205g
- 低筋麵粉 …… 205g
- 開心果 …… 200g

●草莓香堤
- 42%生奶油 …… 1200g
- 細砂糖 …… 135g
- 草莓果泥 …… 336g
- 明膠 …… 11g

●白巧克力甘納許
- 牛奶 …… 224g
- 轉化糖 …… 56g
- 白巧克力 …… 560g
- 明膠 …… 4.5g

●覆盆子奶油餡
- 牛奶 …… 223g
- 香草 …… 1又1/5根
- 蛋黃 …… 192g
- 細砂糖 …… 223g
- 義式蛋白霜
  - 蛋白 …… 84g
  - 細砂糖 …… 168g
  - 礦泉水 …… 50g
- 無鹽奶油 …… 702g
- 覆盆子果泥 …… 384g

●覆盆子鏡面果膠
- 透明鏡面果膠 …… 480g
- 覆盆子果泥 …… 185g

製作方法

製造開心果蛋糕體

1 將蛋（整顆）與杏仁粉、糖粉混合，翻動底部攪拌。

2 把1/4的**1**加到開心果麵糊來進行稀釋，之後倒回**1**混合。

3 把蛋白跟細砂糖打到確實出泡來製作成蛋白霜，將1/3加到**2**。

4 加上低筋麵粉確實攪拌之後，與剩下的蛋白霜混合，注意不要將蛋白霜的氣泡壓破。

5 把烘培專用紙（Oven paper）鋪在烤盤上，灑上切碎的開心果。放到烤箱用190℃的溫度烤10～20分鐘。

製作草莓香堤

1 把細砂糖加到生奶油內，打到發泡8分。

2 與果泥混合，加上融化的明膠確實攪拌。

製作白巧克力甘納許

1 將牛奶跟轉化糖煮沸。

2 跟**1**還有融化的巧克力加在一起乳化。

3 加上明膠使其融化，散熱到可以作業的程度。

製作覆盆子奶油餡

1 將牛奶跟香草煮沸。

2 把蛋黃跟細砂糖混合，翻動底部攪拌，把**1**加入。倒回鍋內，一邊混合一邊加熱到出現濃稠的感覺。過濾之後冷卻到40℃的溫度。

3 參閱83頁來製作義式蛋白霜。

4 把奶油放到攪拌碗內，用電動打蛋器攪拌到泛白為止。

5 把**2**加入更進一步攪拌，混合之後加熱到40℃，將果泥與蛋白霜倒入混合均勻。

製作覆盆子鏡面果膠

1 把材料加在一起煮沸，一直煮到糖度達到60brix為止。

組合與修飾

1 把香堤倒到凝固板上，用抹刀抹平。

2 把蛋糕體放上，倒入甘納許後抹平，放到冰箱冷凍凝固。

3 把奶油餡倒入後抹平，疊上蛋糕體後再次放到冰箱冷凍。

4 倒過來從模具卸下，在表面塗上鏡面果膠。切割成喜歡的形狀後用紅加侖進行裝飾。

30波美度的糖漿

材料（完成份量約1公斤）

細砂糖570g／礦泉水430g

製作方法

1 把所有材料加在一起煮沸。

蘋果小塔　第8頁

材料（直徑8公分的小塔型模具15～20個）

●基本酥皮麵團（完成份量約570g）
- 發酵奶油……200g
- 低筋麵粉……280g
- 鹽……6g
- 細砂糖……6g
- 牛奶……20g
- 蛋（整顆）……60g

●蘋果果醬
- 蘋果（冷凍澳洲青蘋）……1000g
- 檸檬汁……70g
- 細砂糖……350g
- 果膠……18g
- 香草……1根
- 肉桂粉……適量

●蘋果糖煮水果

蘋果的前置處理
- 蘋果（紅玉）……8顆
- 細砂糖……適量
- 白酒……300g
- 礦泉水……1000g
- 細砂糖……500g
- 檸檬皮……2顆
- 乾燥香草……4根

●蘋果片
- 蘋果（紅玉）、30波美度的糖漿（參閱16頁）……適量

杏仁鮮奶油（參閱48頁）、事先處理過的蘋果、香草糖、杏子果醬、鮮奶油香堤（參閱48頁）、肉桂粉、百里香的葉子……適量

＊香草糖是以5比1的比率將細砂糖與乾燥香草放到食物調理機內處理而成的粉末。

製作方法

準備基本酥皮麵團

1　把切割的奶油塊、低筋麵粉、鹽、細砂糖放到食物處理機內處理成細的肉鬆狀。

2　把牛奶跟蛋加入之後再次進行處理。麵團成型之後用保鮮膜包住，放到冰箱冷藏1個小時以上。

製作蘋果果醬

1　把蘋果跟檸檬汁放到食物處理機內處理成果泥狀，用鍋子加熱到40℃。

2　把細砂糖跟果膠混合，翻動底部攪拌之後把**1**加入，然後加上香草與肉桂。一邊混合一邊煮到濃稠。

製作蘋果糖煮水果

1　對蘋果進行前置處理。將蘋果的皮與核心去除，切成3公釐的薄片。灑上相當於蘋果重量30%的細砂糖後進行真空處理。放到冰箱冷凍。

2　把**1**跟剩下的材料放到鍋內，煮沸之後把火關掉。

製作蘋果片

1　用切片器將蘋果切成非常薄的薄片，跟30波美度的糖漿一起進行真空處理。

2　糖漿馬上就會滲透，排到烘培墊上，用烤箱的餘熱烘乾。

烘培小塔與修飾

1　把酥皮麵團擀成2公釐的厚度，整齊鋪到模具內。

2　擠入果醬來填滿半個模具，然後擠上杏仁鮮奶油。把跟糖煮水果一樣進行過前置處理的蘋果鋪到整個表面。

3　篩上香草糖，放到烤箱用170℃的溫度烤20～25分鐘。

4　散熱之後鋪上糖煮水果，並塗上杏子果醬。

5　把湯圓狀的鮮奶油香堤放上，篩上肉桂粉。用蘋果片、百里香的葉子進行裝飾。

椰子奶凍　第9頁

材料（直徑40公分×高8公分的杯子40杯）

●熱帶果凍
- 卡拉膠……40g
- 細砂糖……175g
- 芒果果泥……300g
- 百香果果泥……220g
- 礦泉水……515g

●椰子奶凍
- 牛奶……900g
- 細砂糖……207g
- 明膠……18g
- 椰子果泥……657g
- 椰子力嬌酒……44g
- 42%生奶油……306g

鮮奶油香堤（參閱48頁）、芒果、透明鏡面果膠……適量

製作方法

製作熱帶果凍

1　將卡拉膠跟細砂糖混合，翻動底部攪拌。

2　將2種果膠跟礦泉水煮沸，把**1**加入混合融化。

3　趁熱倒到杯子內，填滿1/3的高度，放到冰箱冷藏凝固。

製作椰子奶凍與修飾

1　將牛奶與細砂糖煮沸，加入明膠使其融化。

2　以果泥、力嬌酒、鮮奶油的順序加入混合。

3　倒到杯子內將杯子填滿，放到冰箱冷藏凝固。

4　把攪拌到發泡8分的鮮奶油香堤擠到杯子上，用抹刀抹平。

5　用切成1公分正方體的芒果裝飾，最後塗上鏡面果膠。

杏仁蛋糕體

材料（60公分×40公分的烤盤2片）

蛋（整顆）385g／蛋黃210g／杏仁粉390g／糖粉125g／蛋白霜（蛋白360g、細砂糖180g）／低筋麵粉100g／無鹽奶油75g

製作方法

1　將整顆蛋與蛋黃放到攪拌碗內，加上杏仁粉跟糖粉，用電動打蛋器攪拌到泛白為止。

2　把細砂糖加到蛋白內，打到發泡來確實製作成蛋白霜，把1/3的份量倒到**1**。

3　加上低筋麵粉迅速攪拌，把剩下的蛋白霜倒入，攪拌時注意不要壓破氣泡。

4　加上融化的奶油並混合均勻。

5　把烘培專用紙鋪到烤盤上，把麵糊倒上之後抹平。放到烤箱用200℃的溫度烤10～12分鐘。

把蛋分開攪拌的杏仁蛋糕體

材料（60公分×40公分的烤盤2片）

蛋（整顆）650g／杏仁粉520g／糖粉325g／蛋白霜（蛋白385g、細砂糖192g）／低筋麵粉125g

製作方法

1　跟杏仁蛋糕體用一樣的程序烘培。不過蛋只使用整顆，也不使用奶油。

巧克力蛋糕體

材料（60公分×40公分的烤盤2片）

蛋（整顆）500g／杏仁粉470g／糖粉265g／蛋白霜（蛋白630g、細砂糖315g）／低筋麵粉125g／可可粉110g

製作方法

1　跟杏仁蛋糕體用一樣的程序烘培。不過蛋只使用整顆，跟低筋麵粉一起篩上可可粉。另外也不使用奶油。

 現代巧克力蛋糕 第10頁

材料
（直徑15公分的環型蛋糕模具12份）

●**檸檬巧克力蛋糕體**

蛋（整顆）	540g
杏仁粉	500g
糖粉	295g
檸檬皮（磨碎）	2.5顆
蛋白霜	
蛋白	675g
細砂糖	338g
低筋麵粉	138g
可可粉	120g

●**檸檬鮮奶油**

檸檬汁	165g
檸檬皮（磨碎）	1顆
細砂糖	235g
蛋（整顆）	235g
無鹽奶油	192g

●**檸檬果仁糖鮮奶油**

細砂糖	245g
35%生奶油	835g
香草	3/4根
檸檬皮（磨碎）	2顆
蛋黃	250g
明膠	13g
榛果果仁糖	180g
35%生奶油	300g

●**巧克力慕斯**

蛋黃	720g
轉化糖	200g
牛奶	1000g
可可含量70%的巧克力	1035g
35%生奶油	1135g

●**焦糖化的檸檬果仁糖**

細砂糖	90g
麥芽糖	45g
榛果	135g
檸檬皮（磨碎）	1顆

●**焦糖淋漿（完成份量約1公斤）**

細砂糖	400g
麥芽糖	80g
礦泉水	400g
35%生奶油	260g
明膠	20g

製作方法

烘烤巧克力蛋糕體

1 把蛋（整顆）跟杏仁粉、糖粉混合，翻動底部攪拌均勻之後加上檸檬皮。
2 把蛋白跟細砂糖攪拌發泡，確實製作成蛋白霜，然後倒入1/3。
3 加上低筋麵粉跟可可粉來進行混合，把剩下的蛋白霜倒入，攪拌時注意不要壓破氣泡。
4 鋪上烘培專用紙，放上圓形海綿蛋糕的模具來倒入麵糊，放到烤箱用170℃的溫度烤20～25分鐘。
5 切成1公分的厚度，底座用的部分維持不變，中央用的部分以直徑12公分的環型蛋糕模具分割。

製作檸檬鮮奶油

1 把檸檬汁跟檸檬皮煮沸。
2 把蛋跟細砂糖混合，翻動底部攪拌之後倒到**1**。移到鍋子內一邊混合一邊加熱，出現濃稠的感覺後過濾。散熱到45℃。
3 加上較為柔軟的蠟狀奶油，攪拌到柔滑為止。

檸檬果仁糖鮮奶油

1 讓細砂糖加熱，煮到金黃色之後把火關掉。
2 把**1**加到同時煮沸的生奶油跟香草。加上檸檬跟蛋黃之後再次加熱，一邊攪拌一邊煮到濃稠。
3 加上明膠使其融化，過濾之後散熱到可以作業的程度。
4 攪拌到發泡7分之後加入生奶油，混合到柔滑為止。

製作巧克力慕斯

1 把蛋黃跟轉化糖混合，翻動底部攪拌。
2 加入沸騰的牛奶，移到鍋內一邊混合一邊加熱，出現濃稠感之後過濾。
3 把融化的巧克力跟**2**加在一起進行乳化，散熱到32℃。
4 加上發泡7分的生奶油，攪拌到柔滑為止。

製作焦糖化的檸檬果仁糖

1 將細砂糖與麥芽糖煮到金黃色之後把火關掉。
2 加上烘培過的榛果，讓榛果完全被液體包覆，加上檸檬皮混合。
3 放到烘培墊上，散熱之後切碎。

製作焦糖淋漿

1 將細砂糖與麥芽糖煮到金黃色之後把火關掉。
2 以礦泉水、生奶油的順序混合，加上明膠使其融化。
3 冷卻到可以作業的溫度之後，放到冰箱冷藏一個晚上再來使用。

組合與修飾

1 把中央用的蛋糕體放到直徑12公分的環型蛋糕模具內，倒入60g的檸檬鮮奶油並且抹平，放到冰箱冷凍凝固。
2 從上方倒入130g的果仁糖鮮奶油，再次進行冷凍。
3 把慕斯倒到直徑15公分的環型蛋糕模具內，達到一半的高度後把**2**埋進去，再次將慕斯倒到8分滿。
4 灑上20g焦糖化的果仁糖，倒入慕斯直達9分滿。把底座用的蛋糕體放上。
5 上下顛倒過來從模具卸下，把淋漿倒上，用巧克力等物品進行裝飾。

法國製的可可含量60%的巧克力，適度的酸味非常適合用來搭配檸檬的芳香。

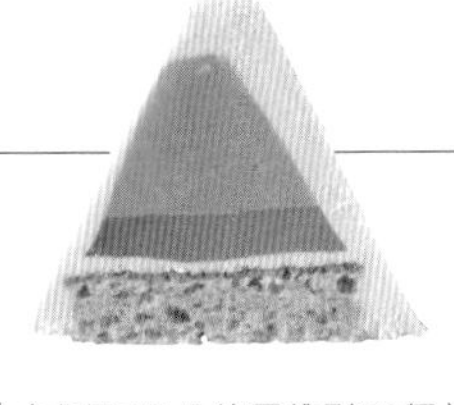

 椰子巧克力錐 第11頁

材料（直徑7公分的圓錐型80個）

●**椰子蛋糕體（60公分×40公分的烤盤1片）**

蛋（整顆）	335g
杏仁粉	160g
椰子粉	115g
糖粉	170g
蛋白霜	
蛋白	200g
細砂糖	100g
低筋麵粉	65g

●**椰子奶酪**

椰子果泥	615g
35%生奶油	152g
蛋黃	232g
細砂糖	165g
明膠	9.6g

●**苦橙果凍**

苦橙果泥	760g
細砂糖	130g
明膠	13.2g

●**苦橙白巧克力慕斯**

蛋黃	240g
細砂糖	90g
苦橙果泥	395g
牛奶	200g
明膠	25g
白巧克力	640g
35%生奶油	1430g
可可粉	適量

製作方法

烘烤椰子蛋糕體

1 把整顆蛋跟杏仁粉、椰子粉、糖粉混合，翻動底部攪拌。
2 把蛋白跟細砂糖打到發泡，確實作成蛋白霜之後倒入3分之1。
3 把低筋麵粉加入混合，將剩下的蛋白霜倒入，攪拌時注意不要壓破氣泡。
4 把麵糊倒到鋪上烘培專用紙的烤盤上，放到烤箱用200℃的溫度烤10～12分鐘。
5 散熱到可以作業之後，用直徑5公分的環型蛋糕模具分割。

製作椰子奶酪

1 將果泥與生奶油混合。
2 把蛋黃跟細砂糖混合之後加入，移到鍋子內一邊攪拌一邊煮到濃稠。
3 加上明膠使其融化，過濾之後冷卻到可以作業的程度。

製作苦橙果凍

1 把細砂糖加到果泥內攪拌，使其完全融化。
2 跟融化的明膠混合。

製作苦橙白巧克力慕斯

1 把蛋黃跟細砂糖混合，翻動底部攪拌之後加上果泥。
2 倒入沸騰的牛奶，在鍋內一邊攪拌一邊煮到濃稠。
3 加上明膠，融化後進行過濾。
4 跟融化的巧克力混合來進行乳化，冷卻到26℃。
5 跟攪拌到發泡7分的生奶油進行混合。

組合與修飾

1 把奶酪倒到直徑5公分的圓錐型容器內，達到5分滿之後放入冷凍凝固。
2 把果凍倒入，達到8分滿之後再次放到冰箱冷凍。
3 在直徑7公分的圓錐型容器內倒入慕斯，達到一半的高度後把**2**埋進去，再次倒到9分滿。疊上蛋糕體，放到冰箱冷凍。
4 從模具中卸下，用噴槍把融化的可可粉噴上，並用巧克力等進行裝飾。

法國製的苦橙果泥。就如同這個名稱一般，苦澀的味道相當強烈，有著獨特的個性。

MC 第12頁

材料
（直徑15公分的環型蛋糕模具12份）

●檸檬杏仁蛋糕體
- 蛋（整顆）……330g
- 蛋黃……60g
- 杏仁粉……336g
- 糖粉……108g
- 檸檬皮（磨碎）……2顆
- 蛋白霜
  - 蛋白……312g
  - 細砂糖……156g
- 低筋麵粉……84g
- 無鹽奶油……66g

●檸檬鮮奶油
- 蛋（整顆）……230g
- 蛋黃……40g
- 細砂糖……270g
- 萊姆果泥……180g
- 檸檬皮（磨碎）……1顆
- 無鹽奶油……225g

●巧克力香堤
- 牛奶……240g
- 35%生奶油……240g
- 可可含量44.3%的牛奶巧克力……520g
- 明膠……4g
- 35%生奶油……520g

●蒙特利馬爾牛軋糖慕斯
- 杏仁片……318g
- 開心果……120g
- 糖漬橘片……150g
- 糖漬萊姆片……150g
- 義式蛋白霜
  - 蛋白……600g
  - 細砂糖……220g
  - 蜂蜜……260g
  - 礦泉水……120g
- 明膠……38g
- 牛軋糖鮮奶油……240g
- 35%生奶油……1800g

透明鏡面果膠……適量

製作方法

烘烤檸檬杏仁蛋糕體

1 參閱17頁的「杏仁蛋糕體」來製作麵團。檸檬皮與杏仁粉、糖粉一起加入。

2 把烘培專用紙鋪到直徑15公分的圓形海綿蛋糕模具內，並將麵糊倒入。放到烤箱內用175℃的溫度烤25分鐘，散熱到可以作業之後切成1公分厚。用來當作底座的部分不變，用在中央的部分以直徑12公分的環型蛋糕模具分割。

製作檸檬鮮奶油

1 把蛋（整顆）、蛋黃、細砂糖混合在一起，翻動底部攪拌均勻。

2 把果泥跟檸檬皮煮沸後加入，移到鍋內一邊混合一邊加熱，煮到濃稠之後過濾。

3 散熱到40℃左右，加上較為柔軟的蠟狀奶油，攪拌到柔滑為止。

製造巧克力香堤

1 把牛奶跟240g的生奶油煮沸。

2 把融化的巧克力跟**1**混合進行乳化，加入明膠使其融化。

3 冷卻到可以作業的地步之後，跟攪拌到發泡7分的520g生奶油混合。

製作蒙特利馬爾牛軋糖慕斯

1 把烘烤過後的杏仁片與開心果切碎。糖漬橘片跟糖漬萊姆片也一起切碎。

2 把蛋白放到攪拌碗內，用打蛋器開始攪拌。

3 把細砂糖、蜂蜜、礦泉水煮沸。一邊將**2**攪拌一邊加入。

4 打出泡後把明膠混入。

5 把**4**的一部分與牛軋糖鮮奶油混合均勻，倒回到**4**並攪拌均勻。

6 加上攪拌到發泡7分的生奶油，跟**1**進行混合。

組合與修飾

1 把中央用的蛋糕體鋪到直徑12公分的環形模具內，倒入60g的鮮奶油，抹平之後放到冰箱冷凍凝固。

2 倒入120g的香堤，抹平之後再次放到冰箱冷凍。

3 把慕斯倒到直徑15公分的環型蛋糕模具　，達到一半的高度後把**2**埋進去。

4 把慕斯加到9分滿，疊上底座用的蛋糕體，放到冰箱冷凍凝固。

5 上下顛倒來從模具卸下，倒上淋漿並用萊姆等進行裝飾。

場景蛋糕 第13頁

材料（30公分×7.8公分11條份）

●榛果巧克力蛋糕體（60公分×40公分的烤盤1片）
- 榛果……300g
- 蛋（整顆）……300g
- 榛果粉……195g
- 杏仁粉……98g
- 糖粉……172g
- 蛋白霜
  - 蛋白……375g
  - 細砂糖……187.5g
- 低筋麵粉……75g
- 可可粉……68g

●醃泡橘子（57公分×37公分的凝固板1片）
- 橘子果肉……1850g
- 細砂糖……410g
- 白柑桂酒……105g

●橘子鮮奶油（57公分×37公分的凝固板1片）
- 柳橙汁……700g
- 濃縮橘子果泥……145g
- 橘子皮（磨碎）……2顆
- 蛋黃……290g
- 細砂糖……232g
- 明膠……16g
- 35%生奶油……432g

●白巧克力香堤（57公分×37公分的凝固板1片）
- 牛奶……412g
- 白巧克力……685g
- 明膠……6.6g
- 35%生奶油……755g

●巧克力慕斯
- 蛋黃……1031g
- 轉化糖……290g
- 牛奶……1445g
- 可可含量66%的巧克力……1495g
- 35%生奶油……1595g

巧克力淋漿（參閱45頁）……適量

製作方法

烘烤榛果巧克力蛋糕體

1 把烘培過的榛果切成粗粒。

2 把榛果粉、杏仁粉、糖粉跟蛋（整顆）加在一起，攪拌到泛白為止。

3 把蛋白跟細砂糖打到發泡來確實製作成蛋白霜，並倒入3分之1。

4 加上低筋麵粉與可可粉來進行混合，把剩下的蛋白霜加入，攪拌時注意不要壓破氣泡。

5 把麵糊倒到鋪有烘培專用紙的烤盤並灑上榛果。

6 放到烤箱用200℃的溫度烤12分鐘。散熱到可以作業的溫度之後，切成32公分×6公分的條狀。

製作醃泡橘子

1 把細砂糖跟白柑桂酒灑在橘子上進行真空處理。放到冰箱冷藏24小時，使用時把醬汁等水分去除。

製作橘子鮮奶油

1 把柳橙汁、果泥、橘子皮煮沸。

2 把蛋黃跟細砂糖混合在一起，翻動底部攪拌，把**1**加入並用鍋子煮到濃稠。

3 加上明膠使其融化，過濾後散熱到可以作業的程度。

4 跟打到發泡7分的生奶油混合在一起。

製作白巧克力香堤

1 把牛奶煮沸，加上融化的巧克力來進行乳化。

2 加上明膠使其融化，冷卻到可以作業的溫度之後，跟攪拌到發泡7分的生奶油混合。

製作巧克力慕斯

1 把轉化糖加到蛋黃內，翻動底部混合攪拌。

2 將牛奶煮沸，一點一滴的將**1**加入。用鍋子煮到濃稠之後過濾。

3 把融化的巧克力跟**2**混合進行乳化，散熱到32℃。

4 跟攪拌到發泡7分的生奶油混合。

組合與修飾

1 把橘子鮮奶油倒到57公分×37公分的凝固板內，排上醃泡橘子，放到冰箱冷凍。

2 倒入白巧克力香堤，再次放到冰箱冷凍。凝固之後切成32公分×6公分的尺寸。

3 把慕斯倒到33公分×7.8公分的凝固板內，達到一半的高度之後把**2**疊上，把慕斯加到9分滿。

4 將剩下的慕斯倒到直徑3.5公分的筒狀模具之內，放到冰箱冷凍，凝固後做裝飾用。

5 疊上蛋糕體，放到冰箱冷凍。

6 上下顛倒的從模具中卸下，切成喜歡的大小。把淋漿倒上，中央擠上裝飾用的慕斯，並擺上巧克力。

西班牙產的晚命夏橙。使用橘子皮的場合，可以得到比臍橙更濃的芳香。

白起士蛋糕 第14頁

材料
（直徑15公分的環型蛋糕模具12份）

●布列塔尼奶油酥皮麵團（完成份量約1.4公斤）
- 發酵奶油……450g
- 糖粉……280g
- 鹽……3g
- 蛋黃……60g
- 杏仁粉……310g
- 低筋麵粉……310g

白巧克力……適量

●白起士鮮奶油
- 蛋黃……144g
- 細砂糖……200g
- 檸檬汁……126g
- 檸檬皮（磨碎）……3.5顆
- 牛奶……398g
- 明膠……18g
- 白起士……914g
- 35%生奶油……764g

●起士鮮奶油
- 鮮奶油起士……1390g
- 細砂糖……588g
- 牛奶……500g
- 明膠……28g
- 42%生奶油……1960g

白巧克力淋漿（參閱45頁）……適量

製作方法

烘烤布列塔尼奶油酥皮麵團

1　參閱84頁的「奶油酥皮麵團」，把整顆蛋換成蛋黃來製作。

2　用2片OPP膜來將麵團夾住，壓到4公釐的厚度進行冷凍。

3　用環型蛋糕模具分割，排到鋪上烘培專用紙的烤盤上，用170℃的溫度烤15～20分鐘。

4　散熱到可以作業的程度之後，用刷子將融化的巧克力塗在表面。

製作白起士鮮奶油

1　將蛋黃與細砂糖混合，翻動底部攪拌後，加上檸檬汁與檸檬皮。

2　加上煮沸的牛奶，放到鍋子煮到濃稠為止。

3　加上明膠，融化後過濾。

4　散熱到可以作業之後跟白起士混合，最後跟打到發泡7分的生奶油混合在一起。

製作起士鮮奶油

1　用保鮮膜將鮮奶油起士包住，放到微波爐加熱變軟。

2　把細砂糖加到**1**來混合均勻。

3　一點一滴的加入牛奶來稀釋。

4　跟融化的明膠混合在一起，然後跟攪拌到發泡8分的生奶油加在一起混合。

組合與修飾

1　把白起士鮮奶油倒到直徑12公分的環型蛋糕模具，放到冰箱冷凍凝固。

2　在直徑15公分的環型蛋糕模具內倒入起士鮮奶油，達到一半的高度後把**1**埋進去，用剩下的起士鮮奶油把整個模具填滿，放到冷凍庫凝固。

3　翻過來從模具卸下，倒上淋漿。放到酥皮麵團上，用巧克力等進行裝飾。

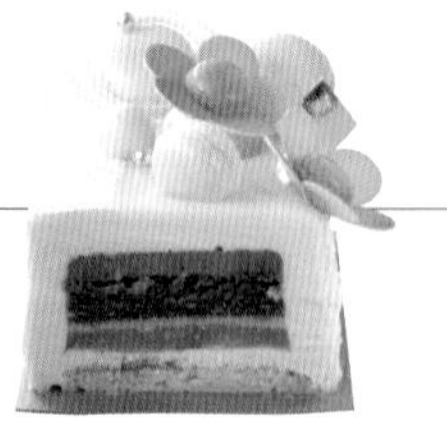

雪白蛋糕 第15頁

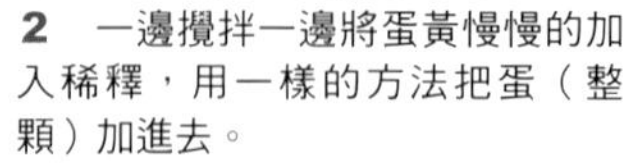

材料（33公分×7.8公分 11份）

●柚子杏仁達可瓦滋（60公分×40公分的烤盤1片）
- 杏仁片……180g
- 蛋白霜
  - 蛋白……400g
  - 細砂糖……200g
- 杏仁粉……325g
- 糖粉……165g
- 低筋麵粉……52g
- 柚子皮（磨碎）……2顆
- 糖粉（灑在表片）……適量

●小脆片（60公分×40公分的烤盤1片）
- 60%杏仁麵糊……400g
- 細砂糖……120g
- 蛋黃……195g
- 蛋（整顆）……140g
- 可可含量70%的巧克力……93g
- 無鹽奶油……93g
- 蛋白霜
  - 蛋白……240g
  - 細砂糖……120g
- 低筋麵粉……75g
- 可可粉……18g

●輕巧克力香堤（57公分×37公分的凝固板1片）
- 可可含量70%的巧克力……405g
- 牛奶……405g
- 明膠……4.5g
- 35%生奶油……705g

●柚子鮮奶油
- 蛋（整顆）……235g
- 細砂糖……235g
- 柚子汁……165g
- 柚子皮（磨碎）……1顆
- 無鹽奶油……200g

●柚子果凍（57公分×37公分的凝固板1片）
- 礦泉水……494g
- 柚子皮（磨碎）……4顆
- 橘子花蜂蜜……220g
- 細砂糖……220g
- 明膠……26.4g
- 柚子汁……280g
- 柳橙汁……220g
- 柚子糊……720g

●白巧克力慕斯
- 蛋黃……432g
- 細砂糖……162g
- 牛奶……1070g
- 明膠……43g
- 白巧克力……1070g
- 35%生奶油……2520g

白巧克力淋漿（參閱45頁）、椰子蛋白霜（參閱83頁）……適量

製作方法

烘烤柚子杏仁達可瓦滋

1　將杏仁片烘烤到稍微出現顏色的程度。

2　把蛋白跟細砂糖打到發泡，來確實製作成蛋白霜。

3　加上杏仁粉、糖粉、低筋麵粉來迅速混合，然後加上柚子皮來進行攪拌。

4　倒到鋪有烘培專用紙的烤盤上抹平，灑上杏仁片。

5　用濾網將糖粉篩上，放到烤箱用180℃的溫度烤15分鐘。

6　散熱到可以作業之後，切成32公分×6公分的條狀。

烘烤小脆片

1　把杏仁麵糊跟細砂糖放到攪拌碗內，用電動打蛋器攪拌均勻。

2　一邊攪拌一邊將蛋黃慢慢的加入稀釋，用一樣的方法把蛋（整顆）加進去。

3　同時加上融化的巧克力跟奶油，確實混合均勻。

4　把蛋白跟細砂糖打到發泡，來確實製作成蛋白霜，完成之後倒入3分之1。

5　加上低筋麵粉跟可可粉來進行混合，把剩下的蛋白霜倒入，攪拌時不要將蛋白霜的氣泡壓破。

6　倒到鋪上烘培專用紙的烤盤上抹平，放到烤箱用190℃的溫度烤10～12分鐘。

7　散熱到可以作業的溫度後，切成57公分×37公分的長方形。

製作輕巧克力香堤

1　把煮沸的牛奶加到融化的巧克力中來進行乳化。

2　加上明膠使其融化，散熱到32℃的溫度。

3　跟攪拌到發泡7分的生奶油混合。

製作柚子鮮奶油

1　把蛋（整顆）與細砂糖加在一起，翻動底部攪拌均勻。

2　加上煮沸的柚子汁與柚子皮，在鍋子內一邊攪拌一邊加熱到濃稠為止。過濾之後散熱到40℃的溫度。

3　跟較為柔軟的蠟狀奶油混合，攪拌到柔滑為止。

製作柚子果凍、組合中央部位

1　把柚子皮加到煮沸的礦泉水內，加蓋悶5分鐘讓芳香得以被吸收。

2　加上蜂蜜與細砂糖來進行混合，之後加上明膠使其融化。

3　把柚子汁、柳橙汁、柚子糊加入混合。

4　把香堤倒到57公分×37公分的凝固板內，疊上小脆片，放到冰箱冷凍。

5　倒入鮮奶油之後再次冷凍。

6　加上果凍之後放到冰箱冷凍，凝固之後切成32公分×6公分的條狀。

製作白巧克力慕斯與修飾

1　把蛋黃與細砂糖混合，翻動底部來進行攪拌。

2　加上煮沸的牛奶，用鍋子一邊攪拌一邊煮到濃稠。

3　加上明膠，融化後進行過濾。

4　跟融化的巧克力加在一起進行乳化，散熱到27℃的溫度。

5　跟攪拌到發泡7分的生奶油混合。

6　倒到33公分×7.8公分的凝固板內，達到一半的高度後把中央部位埋進去，把慕斯倒到9分滿。

7　疊上達可瓦滋放到冰箱冷凍，凝固之後倒過來從模具卸下，切成喜歡的大小。

8　把淋漿倒上，左右貼上切碎的可可蛋白霜，用巧克力跟馬卡龍等進行裝飾。

日本國產的柚子糊。把生的柚子與砂糖加在一起來製作成糊狀。保存期限雖然不長，但擁有鮮美的風味。

引出熱帶水果的清涼感

正午蛋糕

讓香蕉甜甜的香味隱藏在內，以清涼感做為訴求的一道作品。用香蕉取代冷凍果泥所製造出來的慕斯，其最大的特色是用檸檬汁來強調酸味。在表面可以看到的嫩煮香蕉經過萊姆酒火烤，藉此來將酸味引出。中央內部的焦糖巧克力鮮奶油所散發的些微苦澀，也是讓香蕉突顯出來所不可缺少的要素。

◆製作方法參閱32頁

異國芒果蛋糕

Exotique mangue

讓所有部位都含有豐富的水分跟氣泡，表現出芒果的水嫩與濕潤。有如空氣一般輕盈，同時卻擁有強烈主張的美味。上方為使用義式蛋白霜的百香芒果慕斯。下方是以炸彈麵糊為基本的牛奶巧克力慕斯。味道濃郁口感又好，在芒果的風味之下顯得額外清爽。底部與中央的蛋糕吸收了慕斯的水分，一樣擁有飽足的濕潤感。隱藏在中央的芒果果凍則是整體味道的核心。在印象深刻的酸味與芳香之下，將全體風味整合在一起。

◆製作方法參閱32頁

赤道蛋糕

Equateur

以地球圓周線來命名的蛋糕，用南半球所栽培的水果，組合北半球所栽培的覆盆子。情人果、香蕉、芒果的鮮奶油中，包有醃泡過的覆盆子跟水果醃醬風味的鮮奶油。擁有雞蛋濃郁的鮮奶油，與沒有使用雞蛋的爽朗鮮奶油形成有趣的對比，讓水果之間的風味不會產生衝突，爽朗的味道讓人可以一路享用到最後。

◆製作方法參閱33頁

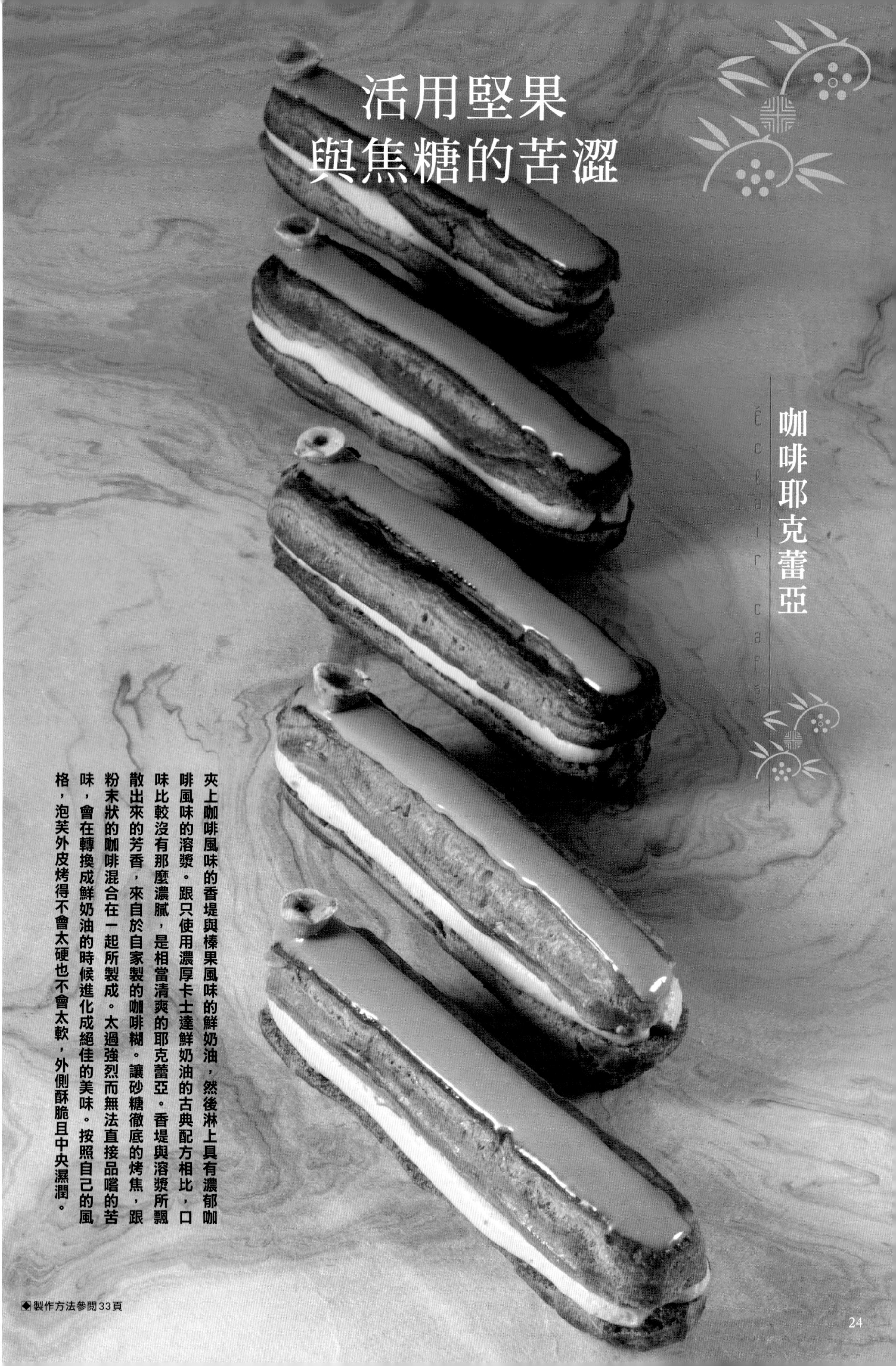

活用堅果與焦糖的苦澀

咖啡耶克蕾亞

Éclair café

夾上咖啡風味的香堤與榛果風味的鮮奶油，然後淋上具有濃郁咖啡風味的溶漿。跟只使用濃厚卡士達鮮奶油的古典配方相比，口味比較沒有那麼濃膩，是相當清爽的耶克蕾亞。香堤與溶漿所飄散出來的芳香，來自於自家製的咖啡糊。讓砂糖徹底的烤焦，跟粉末狀的咖啡混合在一起所製成。太過強烈而無法直接品嚐的苦味，會在轉換成鮮奶油的時候進化成絕佳的美味。按照自己的風格，泡芙外皮烤得不會太硬也不會太軟，外側酥脆且中央濕潤。

◆製作方法參閱33頁

焦糖聖馬克

疊上兩層的香草與巧克力香堤，此為聖馬克純正的傳統風格，在此大膽的變身成為椰子慕斯與焦糖慕斯。椰子芳香的乳味跟苦澀的焦糖形成相乘效果，創造出全新的美味。底部的蛋糕塗上香脆的牛奶巧克力，為口感做出點綴。上方的蛋糕則塗上薄薄一層炸彈麵糊並篩上細砂糖，這樣焦糖化的時候不但焦味不會轉移到蛋糕上，完成後的外觀也更加美麗。

◆製作方法參閱34頁

焦糖蛋白霜香堤

Meringue chantilly caramel

蛋白霜的主要成分為砂糖，含有大量的糖分，因此為它去除甜膩感的關鍵在於確實的烘烤。耐心的把中央烤成金黃色，用苦澀的味道來抵銷味蕾過度感受到的甜味。另外夾上稍微帶點苦澀的香堤，來成為國人所喜歡的清淡口味。

◆製作方法參閱33頁

榛果蛋糕

Aveline

Aveline是榛果的別名，因此這道飯後享用的甜點所有部位都使用榛果，且口感都與眾不同。底部的達可瓦滋帶有黏稠的感覺，周圍的榛果巧克力慕斯以炸彈麵糊為基礎，是含有氣泡的清爽型。中央的榛果焦糖鮮奶油以氣泡的含有率較低的英式奶油為基礎。焦糖化的榛果所帶來的酥脆口感，為口感點綴出另外一種色彩。與濃厚的外觀相反，口中的感觸與後味都清爽不甜膩。

◆製作方法參閱34頁

琥珀

Ambr

從下方開始為咖啡奶凍、牛奶巧克力香堤、焦糖果凍、焦糖香堤等4層構造。奶凍所使用的牛奶花上3天來萃取咖啡豆的風味，雖然擁有純白的顏色，放入口中卻會出現咖啡的芳香，挑逗整個鼻腔。為了活用這份美味，嘗試與纖細的焦糖果凍組合。頂端香脆的酥片帶有些許的鹹味，在讓整體味道更加銳利的同時，還能提供鹹焦糖的風味給大家享受。

◆製作方法參閱35頁

巴黎淑女蒙布朗

Mont-Blanc Parisienne

蒙布朗可以說是日式西洋甜點的代表，因此也特別想要擺脫這種遵循法式古典的一般認知，讓它重生為瀟灑又時髦的「巴黎風格」。在這種想法之下，創造出了溫和牛奶巧克力風味的「Materiel樣式」的蒙布朗。秘訣是用日本栗子組合味道太甜的法國栗子來取得均衡。蛋糕跟甘納許使用跟兩者都能搭配的胡桃，其芳香可以緩和栗子與牛奶巧克力的甜膩。

◆製作方法參閱35頁

收穫蛋糕
Récolte

表面上的主角為開心果，表面下的主角卻是榛果等大量的堅果類。在香濃的榛果果仁糖鮮奶油與混入各種堅果的蛋糕陪襯之下，讓開心果芭芭露的風味更加明顯的一道小蛋糕。改變各種材料的口感讓整體味道更加犀利，最重要的是倒上混有檸檬皮的焦糖醬汁，把甜膩的味道給「砍掉」。

◈製作方法參閱36頁

歌劇院蛋糕

Opéra

許多人會覺得「雖然喜歡歌劇院蛋糕的味道，卻有點太過濃厚」，在此以維持材料種類跟外觀等基本要素為前提，修改成國人容易享用的型態。配合卡士達鮮奶油來減少咖啡鮮奶油的脂肪，加上雞蛋的濃厚來塑造出更為豐富的味道。甘納許則是增加水分變得更為柔軟，食用的感覺更為順暢。蛋糕的重點則是讓些微苦澀的咖啡糖漿滲透到溢出來的程度。是充滿水嫩口感卻又不會太過甜膩的歌劇院蛋糕。

◆製作方法參閱36頁

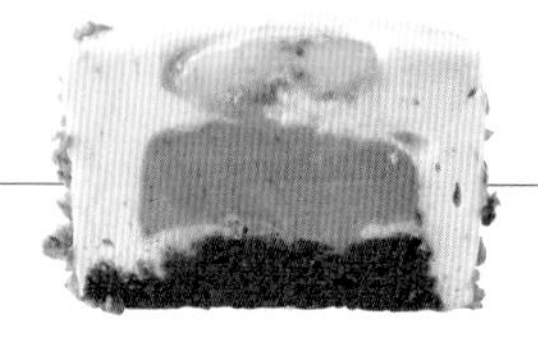

正午蛋糕 第21頁

材料（直徑6公分×高4公分的環型蛋糕模具96個）

●胡桃巧克力蛋糕體（60公分×40公分的烤盤1片）

胡桃……150g
蛋（整顆）……250g
胡桃粉……85g
杏仁粉……165g
糖粉……130g
蛋白霜
　蛋白……306g
　細砂糖……153g
低筋麵粉……60g
可可粉……54g

●焦糖巧克力鮮奶油

細砂糖……264g
牛奶……312g
35%生奶油……312g
明膠……9g
可可含量40%的牛奶巧克力……372g
35%生奶油……450g

●火烤香蕉

香蕉……約6根
無鹽奶油……30g
細砂糖……90g
深色蘭姆酒……30g

●香蕉慕斯

香蕉果泥……2000g
檸檬汁……20g
明膠……44g
義式蛋白霜
　蛋白……320g
　細砂糖……480g
　礦泉水……144g
35%生奶油……1560g

●胡桃果仁糖

細砂糖……250g
礦泉水……60g
胡桃粉……130g

透明鏡面果膠……適量

製作方法

烘烤胡桃巧克力蛋糕體

1　把胡桃烘培之後切成粗粒。
2　把胡桃粉、杏仁粉、糖粉跟蛋（整顆）加在一起混合均勻。
3　把蛋白跟細砂糖打到發泡，確實製作成蛋白霜之後倒入3分之1。
4　加上低筋麵粉與可可粉來進行混合，把剩下的蛋白霜倒入，攪拌時不要將蛋白霜的氣泡壓破。
5　把麵糊倒到鋪上烘培專用紙的烤盤上，灑上胡桃，放到烤箱用200℃的溫度烤10～12分鐘。
6　散熱到可以作業之後，用直徑5公分的圓型模具分割。

製作焦糖巧克力鮮奶油

1　把細砂糖煮到顏色較深的金黃色來製作成焦糖。
2　把牛奶跟312g的生奶油煮沸，加到**1**來進行混合，接著把明膠加入使其融化。
3　跟融化的巧克力加在一起進行乳化，散熱到24℃的溫度。
4　跟攪拌到發泡7分的450g生奶油混合。
5　倒到直徑4公分×高2公分的圓型模具內，放到冰箱冷凍。

製作火烤香蕉

1　把香蕉剝皮之後切成1公分厚的圓形切片。
2　把奶油放到平底鍋融化，放入香蕉，一邊炒一邊把細砂糖一點一點的加入。
3　用深色蘭姆酒進行火烤之後把火關掉，移到四角盆內散熱到可以作業的程度。

製作香蕉慕斯

1　將果泥與檸檬汁混合在一起，加上融化的明膠。
2　參閱第83頁來製作義式蛋白霜。
3　把**1**跟打到發泡7分的生奶油混合，把**2**倒入攪拌到柔滑為止。

製作胡桃果仁糖

1　把細砂糖跟礦泉水煮到100℃之後把火關掉。
2　加上胡桃粉使其結晶化，整體混合成肉鬆狀。
3　在鋪有烘培專用紙的烤盤上攤開，放到烤箱用160～180℃的溫度烤到黃金色為止。

組合與修飾

1　把火烤香蕉放到環型蛋糕模具中央，把慕斯倒入，填滿一半的高度。
2　把鮮奶油埋進去，用慕斯倒到9分滿，疊上蛋糕體放到冰箱冷凍凝固。
3　倒過來在表面塗上鏡面果膠，從模具卸下，在周圍貼上胡桃果仁糖。

香蕉果泥。把用食物調理機處理過的香蕉所製成的果泥跟市販品加在一起，讓香味更加濃厚。

異國芒果蛋糕 第22頁

材料（37公分×7.8公分 11片）

●芒果果泥（57公分×37公分的凝固板1片）

芒果果泥……1400g
細砂糖……120g
礦泉水……530g
明膠……30g

●異國慕斯

芒果果泥……365g
百香果果泥……365g
明膠……29g
義式蛋白霜
　蛋白……220g
　細砂糖……330g
　礦泉水……100g
35%生奶油……1457g

●異國巧克力慕斯

蛋黃……225g
細砂糖……95g
芒果果泥……60g
百香果果泥……90g
明膠……7.5g
可可含量40%的牛奶巧克力……650g
35%生奶油……1125g

巧克力蛋糕體（17頁）、白巧克力淋漿（參閱45頁）、可可奶油、食用色素（橘色）、芒果、透明鏡面果膠……適量

製作方法

製作芒果果泥

1　把細砂糖跟果泥混合在一起，確實攪拌使其融化。
2　加上礦泉水，跟融化的明膠混合。
3　倒到凝固板上放到冰箱冷凍，凝固之後切成32公分×6公分的大小。

製作異國慕斯

1　將2種果泥混合，加上融化的明膠混合均勻。
2　參閱83頁來製作義式蛋白霜。
3　把**1**跟攪拌到發泡7分的生奶油混合，把**2**加入，整體攪拌到柔滑。

製作異國巧克力慕斯

1　把蛋黃跟細砂糖混合，翻動底部攪拌之後將2種果泥加入。
2　用鍋子一邊混合一邊加熱，煮到濃稠之後過濾。
3　移到攪拌碗內，用打蛋器確實打到出泡。加上融化的明膠。
4　把生奶油攪拌到發泡7分，把一半的份量跟融化的巧克力加在一起進行乳化。
5　把**4**加到**3**迅速混合，攪拌到整體柔滑為止。

組合與修飾

1　將巧克力蛋糕體切成32公分×6公分的條狀。
2　把異國慕斯倒到37公分×7.8公分的凝固板內，達到一半的高度之後在側面用抹刀塗上慕斯。疊上蛋糕體，移到冰箱冷凍。
3　倒入少量的異國巧克力慕斯，放上芒果果泥。用剩下的異國巧克力慕斯倒到9分滿，疊上蛋糕體後放到冰箱冷凍。
4　倒過來從模具卸下，在表面擠上淋漿來形成圈圈的圖案，再次放到冰箱冷凍。
5　將融化的可可奶油分成2份，其中一份用色素染成橘色。分別用噴槍噴上。
6　放上切成1公分方塊的芒果，並在芒果塗上鏡面果膠。切成喜歡的寬度。

使用個性不會太過強烈的日本產牛奶巧克力。可以直接表現出芒果的風味。

 赤道蛋糕 第23頁

材料（直徑6公分×高4公分的環型蛋糕模具96個）

●醃泡覆盆子
- 冷凍覆盆子……288顆
- 細砂糖……65g
- 覆盆子力嬌酒……100g

●覆盆子鮮奶油
- 覆盆子果泥……590g
- 醃泡覆盆子的糖漿……136g
- 細砂糖……90g
- 明膠……13.6g
- 35%生奶油……545g

●香蕉鮮奶油
- 蛋黃……594g
- 細砂糖……297g
- 低筋麵粉……58g
- 玉米粉……58g
- 香蕉果泥……1188g
- 牛奶……720g
- 明膠……43g
- 白柑桂酒……90g
- 35%生奶油……2700g
- 輕杏仁蛋糕體（參閱17頁）……適量

●芒果果膠
- 透明鏡面果膠……500g
- 芒果果泥……200g

製作方法

製作醃泡覆盆子

1　將細砂糖跟力嬌酒灑在覆盆子上進行真空處理。放到冰箱冷藏24小時進行醃泡。取出之後把果肉跟糖漿分開。

製作覆盆子鮮奶油

1　將果泥與醃泡覆盆子的糖漿混合，加上細砂糖攪拌融化。

2　加上融化的明膠，跟攪拌到發泡8分的生奶油混合。

3　倒到直徑4公分×高2公分的圓型模具內，達到一半高度後放入3顆醃泡覆盆子的果肉，用**2**把模具填滿抹平。放到冰箱冷凍凝固，以此做為中央部位。

製作香蕉鮮奶油

1　將蛋黃與細砂糖混合，翻動底部攪拌。

2　將低筋麵粉跟玉米粉加在一起攪拌均勻，再跟果泥混合在一起。

3　將煮沸的牛奶倒入之後過濾。移到鍋內用大火一口氣煮開，將粉的感覺去除。

4　加上明膠使其融化。散熱到可作業的程度後，以白柑桂酒、發泡8分的生奶油的順序來進行混合。

組合與裝飾

1　用直徑5公分的圓型模具來將輕杏仁蛋糕體分割。

2　製作芒果鏡面果膠。將鏡面果膠與芒果果泥倒到鍋內，煮到糖度達到60brix為止。

3　把香蕉鮮奶油倒到環型蛋糕模具一半的高度。將中央部位從模具卸下後埋入，剩下的鮮奶油倒到9分滿，疊上蛋糕體放到冰箱冷凍。

4　倒過來在上方塗上鏡面果膠。從模具卸下用覆盆子跟巧克力進行裝飾。

在此使用的香蕉果泥屬於混合果泥，均衡的使用百香果、芒果、香蕉、檸檬來進行調合。

 咖啡耶克蕾亞 第24頁

材料（份量30個）

●泡芙麵團（份量約80個）
- 牛奶……600g
- 礦泉水……600g
- 鹽……15g
- 發酵奶油……540g
- 細砂糖……24g
- 低筋麵粉……720g
- 蛋（整顆）……1400g

●榛果外交官式鮮奶油
- 卡士達鮮奶油（48頁）……560g
- 鮮奶油香堤（48頁）……185g
- 榛果麵糊……120g

●咖啡香堤
- 鮮奶油香堤（48頁）……800g
- 咖啡溶液（右下方）……110g

●咖啡溶漿
- 溶漿……1000g
- 咖啡溶液（右下方）……100g

榛果……適量

製作方法

烘烤泡芙皮

1　把牛奶、礦泉水、鹽、奶油、細砂糖倒到鍋內加熱。

2　煮沸之後把火關掉，加上低筋麵粉並用木鏟攪拌均勻。

3　再次加熱，一邊攪拌一邊加熱到低筋麵粉完全熟透為止。

4　移到攪拌碗內，用電動打蛋器一邊攪拌，一邊將蛋（整顆）分成4～5次慢慢加入，混合到整體均勻為止。

5　用較大的星型花嘴在鋪上烘培專用紙的烤盤擠上12公分的長度。

6　用烤箱以200℃的溫度烤8分鐘，另外再把電動風門打開，用170℃烤20分鐘。

裝飾

1　製作榛果外交官式鮮奶油。把卡士達鮮奶油與鮮奶油香堤混合在一起，加上榛果麵糊來混合攪拌。

2　製作咖啡香堤。把鮮奶油香堤跟咖啡溶液混合。

3　用咖啡溶液將溶漿稀釋。太硬的話用水或30波美度的糖漿（16頁）調整。

4　把泡芙皮切成上下兩半，在下半擠上外交官式鮮奶油。

5　用圓形花嘴在上半的泡芙皮擠上咖啡香堤。

6　在上半的表面塗上溶漿，疊到**5**上面。把烘培過的榛果切成一半來進行裝飾。

 焦糖蛋白霜香堤 第26頁

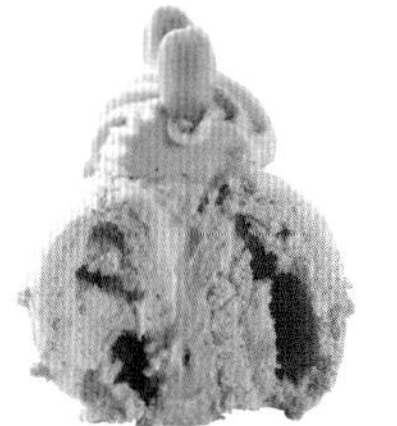

材料（份量約40個）

●焦糖香堤（完成份量約1公斤）
- 細砂糖……135g
- 麥芽糖……50g
- 42%生奶油……280g
- 香草……1/2根
- 鮮奶油香堤（48頁）……620g

杏仁蛋白霜（83頁）……適量
糖粉、4～6公釐的杏仁顆粒、杏仁片……適量

製作方法

製作焦糖香堤

1　把細砂糖跟麥芽糖煮到濃厚的焦糖色。

2　把香草加到沸騰的生奶油來進行混合、過濾。散熱到可以作業的程度後，放到冰箱冷藏24小時。

3　跟鮮奶油香堤進行混合。

烘烤蛋白霜與修飾

1　製作蛋白霜麵糊，用圓形花嘴擠上直徑5公分的圓形，用濾網篩上糖粉之後進行烘培。

2　用星形花嘴把香堤擠到蛋白霜上面，用另一片蛋白霜夾住之後立起。

3　在上方擠上香堤，灑上用濾網篩上糖粉來進行烘培的杏仁碎粒（4～6公釐），用杏仁片裝飾。

咖啡溶液（EXTRA DE CAFÉ）

材料（完成份量約1公斤）
礦泉水520g／即溶咖啡90g／細砂糖600g

製作方法

1　將礦泉水煮沸，加上即溶咖啡來混合在一起。

2　把細砂糖煮到深咖啡色之後，馬上加到**1**來進行混合。

3　完全散熱之後再來使用。

焦糖聖馬克　第25頁

材料（37公分×28公分 1片）

●巧克力脆片
- 可可含量40%的巧克力……90g
- 榛果果仁糖……135g
- 薄烤派皮碎片……100g

●酒糖液
- 礦泉水……100g
- 細砂糖……50g
- 科涅克白蘭地……50g

●炸彈麵團
- 細砂糖……101g
- 礦泉水……75g
- 蛋黃……150g

●焦糖慕斯
- 35%生奶油……256g
- 香草……1.5根
- 細砂糖……287g
- 明膠……11.8g
- 35%生奶油……478g

●椰子慕斯
- 椰子果泥……390g
- 椰子力嬌酒……20g
- 明膠……11.2g
- 義式蛋白霜
  - 蛋白……58g
  - 細砂糖……100g
  - 礦泉水……30g
  - 35%生奶油……335g

杏仁蛋糕體（17頁）、細砂糖（用來焦糖化）……適量

製作方法

製作巧克力脆片

1　將巧克力與果仁糖一起融化，加上薄烤派皮碎片讓碎片都能被醬汁包覆。

製作酒糖液

1　將礦泉水與果仁糖煮沸，散熱到可以作業之後，加上科涅克白蘭地。

製作焦糖慕斯

1　製作炸彈麵團。將細砂糖與礦泉水煮沸，一邊攪拌一邊將蛋黃一點一滴的加入混合。倒回鍋內加熱，煮到濃稠為止。

2　過濾之後移到攪拌碗內，用打蛋器攪拌到發泡與濃稠為止。

3　用另外一個鍋子將256g的生奶油與香草煮沸。

4　將細砂糖煮到金黃色之後把**3**加入。加上明膠使其融化，散熱到可以作業的程度。

5　跟200g的炸彈麵團混合，跟攪拌到發泡8分的478g生奶油混合，剩下的炸彈麵團用來做裝飾使用。

製作椰子慕斯

1　將果泥與力嬌酒混合，加上融化的明膠。

2　參閱83頁來製作義式蛋白霜。

3　把**1**跟攪拌到發泡8分的生奶油混合，把**2**加入攪拌到柔滑。

組合與修飾

1　將杏仁蛋糕體以直的切成一半，鋪在37公分×28公分的凝固板內。

2　用刷毛將一半的酒糖液塗在蛋糕體上，使其滲透到蛋糕內。

3　在表面鋪上巧克力脆片使其薄薄的延伸，倒入焦糖慕斯之後抹平，放到冰箱冷凍凝固。

4　將椰子慕斯倒入之後疊上蛋糕體，讓剩下的酒糖液滲透進去。

5　讓剩下的炸彈麵團薄薄的延伸，再次放到冰箱冷凍凝固。

6　切成喜歡的大小，表面篩上砂糖，用噴火槍或焦糖機烤成焦糖狀。

用溫和卻又擁有濃厚芳香的科涅克白蘭地，來當作酒糖液的材料。

榛果蛋糕　第27頁

材料（直徑15公分的環型蛋糕模具12個）

●榛果達可瓦滋
- 蛋白霜
  - 蛋白……550g
  - 細砂糖……275g
- 榛果粉……450g
- 糖粉……225g
- 低筋麵粉……80g
- 糖粉（用來灑上）……適量

●榛果焦糖鮮奶油
- 細砂糖……318g
- 35%生奶油……1110g
- 香草……2根
- 蛋黃……330g
- 明膠……18g
- 榛果麵糊……235g
- 35%生奶油……395g

●焦糖化的榛果
- 榛果……180g
- 細砂糖……100g
- 麥芽糖……50g

●榛果巧克力慕斯
- 炸彈麵團
  - 細砂糖……255g
  - 礦泉水……168g
  - 蛋（整顆）……145g
  - 蛋黃……420g
- 明膠……9.6g
- 可可含量66%的巧克力……675g
- 榛果麵糊……168g
- 35%生奶油……1260g

噴槍用巧克力……適量

＊噴槍用巧克力是將可可粉跟巧克力一起融化所製作出來。

製作方法

製作榛果達可瓦滋

1　把蛋白跟細砂糖打到發泡，確實製作成蛋白霜。

2　將榛果、糖粉、低筋麵粉加到蛋白霜內，混合到粉的感覺完全消失為止。

3　用直徑1公分的圓形花嘴，在鋪上烘培專用紙的烤盤擠上直徑13公分左右的螺旋狀。

4　用濾網篩上糖粉，放到烤箱用190℃的溫度烤12～15分鐘。

製作榛果焦糖鮮奶油

1　把細砂糖煮到金黃色之後從瓦斯爐移開。

2　加上1110g煮沸的生奶油與香草來進行混合。

3　加上蛋黃之後再次加熱，一邊混合一邊煮到出現濃稠的感覺，加入明膠使其融化。

4　跟榛果麵糊加在一起進行乳化，過濾之後散熱到可以作業的程度。

5　跟攪拌到發泡的395g生奶油進行混合。

製作焦糖化的榛果

1　將榛果烘培到黃金色之後切碎。

2　把細砂糖跟麥芽糖煮到呈現金黃色為止。

3　把**1**加到**2**，讓榛果的顆粒可以被醬汁完全包覆。倒到烘培墊上，散熱後切碎。

製作榛果巧克力慕斯

1　製作炸彈麵團。將細砂糖跟礦泉水煮沸。

2　把**1**一點一滴的加到蛋黃跟蛋（整顆）來進行混合。倒回鍋內加熱到濃稠為止。

3　過濾之後移到攪拌碗內，用打蛋器攪拌到濃稠與發泡，加上明膠進行混合。

4　將巧克力與榛果麵糊一起融化，將攪拌到發泡7分的生奶油倒入一半來進行乳化。

5　把**3**跟**4**加在一起稍微攪拌，將剩下的生奶油加入，攪拌到柔滑為止。

組合與修飾

1　將鮮奶油倒到直徑12公分的環型蛋糕模具內，灑上焦糖化的榛果，放到冰箱冷凍凝固。

2　用慕斯將直徑15公分的環型蛋糕模具倒滿一半，把**1**埋進去。

3　將慕斯倒到9分滿，疊上達可瓦滋，放到冰箱冷凍。

4　倒過來從模具卸下，把噴槍用的巧克力噴上。用糖人藝術等進行裝飾。

義大利產的榛果具有特別強烈的芳香與濃厚的味道，可以在烘培之後整顆使用。

琥珀　第28頁

材料（直徑4公分×高12公分的玻璃杯60個）

●咖啡奶凍
- 牛奶……1350g
- 咖啡豆（中深焙）……135g
- 細砂糖……300g
- 明膠……24g
- 42%生奶油……900g

●巧克力香堤
- 牛奶……100g
- 42%生奶油……100g
- 可可含量44.3%的牛奶巧克力……200g
- 42%生奶油……200g

●焦糖化的胡桃
- 胡桃……65g
- 細砂糖……45g
- 麥芽糖……20g

●焦糖果凍
- 細砂糖……450g
- 礦泉水……1350g
- 細砂糖……75g
- 明膠……25.5g

●杏仁脆片
- 發酵奶油……153g
- 鹽（蓋朗德）……1.4g
- 細砂糖……77g
- 香草糖……77g
- 低筋麵粉……32g
- 杏仁片……112g

焦糖香堤（33頁「焦糖蛋白霜香堤」）……適量

＊香草糖是用5比1的比率將細砂糖與乾燥香草放進食物調理機所處理成的粉末。

製作方法

製作咖啡奶凍

1　將咖啡豆泡在牛奶3天。把豆子去除，使用1200g。

2　把細砂糖加到**1**使其融化，跟融化的明膠混合。

3　跟攪拌到發泡6分的生奶油混合。

製作巧克力香堤

1　將牛奶跟100g的生奶油煮沸，加上融化的巧克力進行乳化，散熱到24℃。

2　跟攪拌到發泡6分的200g生奶油混合。

製作焦糖化的胡桃

1　將胡桃烘培到金黃色之後切成粗的顆粒。

2　將細砂糖與麥芽糖煮到深濃的焦糖色。

3　把**1**加入讓糖漿包覆之後馬上攤到烘培墊上，散熱之後切碎。

製作焦糖果凍

1　將450g的焦糖煮到淡淡的金黃色。

2　把煮沸的礦泉水加到**1**，以75g細砂糖、明膠的順序加入融化，散熱到可以作業的程度。

製作杏仁脆片

1　把蠟狀的奶油跟鹽、細砂糖、香草糖混合，翻動底部攪拌。

2　跟低筋麵粉混合，加上烘培過的杏仁片來攪拌在一起。

3　用2片OPP膜夾住之後延伸到2公釐的厚度，放到冰箱冷凍凝固。

4　用直徑3公分的圓型模具分割，排在鋪上烘培專用紙的烤盤上，放到烤箱用170℃的溫度烘烤17～20分鐘。

倒到杯子內修飾

1　將奶凍倒到杯子內達4分滿，放到冰箱冷藏凝固。

2　將巧克力香堤倒入1公分的厚度再次冷藏，用果凍將杯子填滿後冷藏凝固。

3　在表面擠上焦糖香堤。

4　在杯子邊緣貼上焦糖化的胡桃，最後疊上杏仁脆片來進行裝飾。

焦糖化的胡桃使用確實烤焦的焦糖，香濃的苦澀味可以讓作品增添一些不同的色彩。

巴黎淑女蒙布朗　第29頁

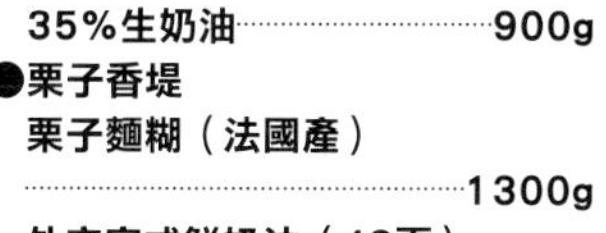

材料
（直徑7公分的圓錐型模具80個）

●胡桃蛋糕體（60公分×40公分的烤盤1片）
- 蛋黃……220g
- 胡桃粉……150g
- 糖粉……150g
- 蛋白霜
  - 蛋白……220g
  - 細砂糖……150g
- 低筋麵粉……115g

●胡桃甘納許
- 35%鮮奶油……300g
- 可可含量44.3%的牛奶巧克力……420g
- 胡桃……150g

●外交官式栗子鮮奶油
- 外交官式鮮奶油（48頁）……350g
- 和栗糊……490g

●巧克力香堤
- 牛奶……360g
- 35%生奶油……216g
- 可可含量44.3%的牛奶巧克力……800g
- 明膠……10g
- 35%生奶油……900g

●栗子香堤
- 栗子麵糊（法國產）……1300g
- 外交官式鮮奶油（48頁）……400g
- 42%生奶油……870g
- 深色萊姆酒……10g

和栗（日本栗子）的澀皮煮……80顆
深色萊姆酒……適量
鮮奶油香堤（48頁）……適量
調溫過的巧克力（101頁）、糖粉……適量

製作方法

烘烤胡桃蛋糕體

1　把胡桃粉、糖粉加到蛋黃內，翻動底部攪拌均勻。

2　把蛋白跟細砂糖打到發泡，確實製作成蛋白霜之後倒入3分之1。

3　跟低筋麵粉混合，把剩下的蛋白霜倒入，攪拌時不要將蛋白霜的氣泡壓破。

4　倒到鋪上烘培專用紙的烤盤上，放到烤箱用190℃的溫度烤15分鐘。

把胡桃甘納許塗在蛋糕體上

1　將生奶油煮沸，跟融化的巧克力混合來進行乳化。

2　將胡桃烘培到金黃色之後切碎。

3　把**1**塗在散熱後的蛋糕體上，並灑上胡桃。放到冰箱冷凍凝固，用直徑5公分的圓型模具分割。

製作外交官式栗子鮮奶油

1　把外交官式鮮奶油跟和栗糊加在一起混合，擠到3.6公分的圓型模具內，放到冰箱冷凍凝固。

製作巧克力香堤

1　把牛奶跟216g的生奶油煮沸，加上融化的巧克力來乳化。

2　加上明膠使其融化，散熱到24℃。

3　跟攪拌到發泡7分的900g生奶油混合。

製作栗子香堤

1　將栗子糊跟外交官式栗子鮮奶油混合在一起，慢慢加上生奶油來進行稀釋。

2　加上萊姆酒，用打蛋器攪拌發泡到可以擠的硬度。

組合與修飾

1　將和栗的澀皮煮切成4分之1，沾上萊姆酒來包覆外表。

2　將鮮奶油香堤擠到直徑4公分的圓錐型模具內，達到一半高度之後把**1**埋進去，疊上外交官式鮮奶油。

3　用鮮奶油香堤擠滿整個模具，將表面抹平，放到冰箱冷凍凝固。

4　將巧克力香堤擠到直徑7公分的圓錐型模具內，填滿一半的高度後將**3**埋進去，用剩下的香堤擠到9分滿，疊上塗有甘納許的蛋糕體，放到冰箱冷凍。

5　參閱101頁將調溫過的巧克力薄薄的鋪在OPP膜上，用直徑5公分的圓型模具分割，接著再用直徑4公分的圓型模具按在　側，製作成中空的圓環。

6　把**4**從模具中卸下之後，把**5**疊在上面。

7　用**8**～**10**公釐的圓形花嘴將栗子香堤擠在巧克力的圓環上，篩上糖粉進行修飾。

用擁有黏稠口感跟高甜度的法國產栗子糊（左），來組合味道溫和的和栗糊（右）。

收穫蛋糕 

第30頁

材料

（直徑6cm的環型蛋糕模具96個）

●乾燥堅果的蛋糕體（60公分×40公分的烤盤1片）

杏仁片……100g
榛果……100g
開心果……100g
蛋白霜
　蛋白……500g
　細砂糖……250g
糖粉……85g
紅糖……190g
杏仁粉……85g
榛果粉……145g
低筋麵粉……105g

●開心果芭芭露

蛋黃……357g
細砂糖……457g
牛奶……1085g
明膠……50g
開心果糊……210g
榛果果仁糖……47g
35%生奶油……2285g

●咖啡果仁糖鮮奶油

牛奶……200g
明膠……9g
榛果果仁糖……200g
咖啡溶液（33頁）……100g
35%生奶油……500g

●焦糖醬汁（完成份量1公斤）

細砂糖……240g
麥芽糖……80g
35%生奶油……660g
檸檬皮（磨碎）……1顆
可可粉、食用色素（綠）……適量

製作方法

烘烤乾燥堅果的蛋糕體

1　將杏仁片、榛果、開心果進行烘培。將榛果與開心果切碎。
2　把蛋白跟細砂糖打到發泡，確實製作成蛋白霜。
3　將糖粉、紅糖、杏仁粉、榛果粉、低筋麵粉加入之後混合均勻，把**1**加進去。
4　倒到鋪有烘培專用紙的烤盤上抹平，放到烤箱用180℃的溫度烤12分鐘，散熱之後用直徑5公分的圓型模具分割。

製作開心果芭芭露

1　將蛋黃與細砂糖加在一起，攪拌到泛白為止。
2　加上沸騰的牛奶之後用火加熱，一邊攪拌一邊煮到濃稠為止。
3　加上明膠使其融化，過濾後散熱到可以作業的程度。
4　將開心果糊與榛果果仁糖混合在一起，把**3**一點一滴的加入稀釋。
5　加上攪拌到發泡8分的生奶油，混合到整體柔滑為止。

製作咖啡果仁糖鮮奶油

1　將牛奶煮沸，加上明膠使其融化。
2　一點一滴的加入榛果果仁糖，加上咖啡溶液之後散熱到可以作業的程度。
3　加上攪拌到發泡7分的生奶油來進行混合。

製作焦糖醬汁

1　將細砂糖跟麥芽糖煮到金黃色。
2　加上煮沸的生奶油，跟檸檬皮進行混合。過濾之後散熱到可以作業的程度，放到冰箱冷藏一個晚上再使用。

組合與修飾

1　將直徑4公分×高2公分的圓形矽膠模倒過來放到托盤上，把直徑6公分的環型蛋糕模具放到矽膠模上。
2　將芭芭露倒到環型蛋糕模具內，達到8分滿之後將蛋糕體疊上，放到冰箱冷凍。
3　將環型蛋糕模具與矽膠模卸下之後倒過來，將鮮奶油倒到凹陷處填滿一半的高度，再次放到冰箱冷凍。
4　把色素加到融化的可可粉，製作成綠色的噴槍用巧克力，噴在**3**的整個表面。倒入醬汁把凹陷處填滿，用榛果跟巧克力等進行裝飾。

開心果糊是將烘培過的開心果處理成糊狀。沒有添加物，可以享受新鮮又自然的風味。

歌劇院蛋糕 

第31頁

材料（57公分×37公分 1片）

●咖啡糖漿

咖啡萃取液……1000g
即溶咖啡……27g
細砂糖……200g
咖啡溶液（33頁）……47g

●甘納許

牛奶……340g
35%生奶油……220g
轉化糖……125g
可可含量66%的巧克力……715g
無鹽奶油……130g

●慕斯林咖啡

蛋黃……170g
細砂糖……190g
低筋麵粉……60g
牛奶……670g
香草……1又1/2根
即溶咖啡……9g
科涅克白蘭地……43g
無鹽奶油……510g
杏仁蛋糕體（17頁）、巧克力淋漿……適量

＊咖啡萃取液是用中深焙的咖啡豆所泡的咖啡。

製作方法

製作咖啡糖漿

1　趁咖啡萃取液還是熱的時候，把即溶咖啡、細砂糖、咖啡溶液加入融化，散熱到可以作業的程度。

製作甘納許

1　將牛奶、生奶油、轉化糖煮沸。
2　將融化的巧克力與**1**加在一起進行乳化，散熱到45℃。
3　加上較軟的蠟狀奶油，混合到柔滑為止。

製作慕斯林咖啡

1　將蛋黃跟細砂糖加在一起，翻動底部攪拌，加上低筋麵粉混合均勻。
2　將牛奶跟香草煮沸之後加入，混合均勻並進行過濾。
3　倒回鍋內，用大火一口氣煮沸，滾到粉的感覺消失為止。
4　加上即溶咖啡使其融化，散熱到可以作業之後加上科涅克白蘭地。
5　用電動打蛋器將奶油攪拌到泛白，加上**4**並混合到柔滑。

組合與修飾

1　將杏仁蛋糕體切成57公分×37公分的大小。
2　將慕斯林咖啡倒到57公分×37公分的凝固板內抹平，把蛋糕體疊上。
3　用毛刷讓800g的咖啡糖漿滲到蛋糕體內。
4　將甘納許倒入抹平，疊上蛋糕體，用毛刷讓400g的咖啡糖漿滲入蛋糕體內，放到冰箱冷凍凝固。
5　倒過來從模具卸下，在上方塗上淋漿。切成喜歡的大小，用金箔跟巧克力等進行裝飾。

中深焙（French roast）的咖啡豆。顏色較黑，味道也相當的苦。

以香料的效果
「斬斷」甜膩的感覺

鳳梨薩瓦蘭
Savarin ananas

「酒味太重、味道太膩，連1個都吃不完」，為了顛覆這個負面印象而製作出來的全新口味薩瓦蘭。將鳳梨製作成隱藏有八角風味的糖煮水果，讓麵團吸收濃縮有水果精華的糖漿。用八角所帶來的清涼感讓鳳梨的存在更加明顯。隱味是麵團中的糖漬鳳梨片。糖漿所使用的櫻桃酒不會太多，不喜歡酒味的人也能輕鬆享用。

◆製作方法參閱45頁

異國巧克力塔

Étrange

用生薑來去除巧克力那甜膩感覺，並且將磨碎的生薑混入巧克力麵團之中，是款相當刺激的巧克力塔。用整顆蛋來製作讓口感相當滑嫩，但獨特的香味與辣味也因此被銳利的突顯出來。放上清淡的香堤與酥脆的瓦片餅，跟擺盤甜點有著異曲同工之妙。放入口中之後與香堤融合在一起，讓人可以清爽的吞下喉嚨。

◆製作方法參閱45頁

胡桃黑蛋糕

以香料麵包為主題的小蛋糕。一般的蛋糕體口感稍嫌不足，因此製作成濕潤的達可瓦滋。重點是在法國專用的麵包香料中加上肉桂，以此強調清涼的感覺。在下方的達可瓦滋混入切碎的胡桃，為口感增添一些色彩。夾在中間的巧克力慕斯跟稍微有點苦澀的焦糖鮮奶油，可以讓麵團更加容易的被享用。被隱藏起來的牛奶巧克力奶酪（不含氣泡的類型）則可以讓味道更加豐富。

◆製作方法參閱46頁

有效使用洋酒
讓美味更加犀利

桃紅玫瑰

Pêche rosé

將桃子糖煮水果、覆盆子醬汁、香草冰淇淋組合在一起的古典甜食．蜜桃梅爾芭，修改成杯物甜點的形式。把冰淇淋換成芭芭露、醬汁跟糖煮水果改成白酒、果凍使用桃紅葡萄酒。糖煮水果跟果凍的酒精成分會透過加熱來去除，只有醬汁保留適度的酒味來讓大家享受。

◆製作方法參閱46頁

蜂蜜蛋糕

L'Abeille

用白柑桂酒的犀利來緩和甜味，並突顯蜂蜜那獨特的芳香，受到饕客喜愛的一道作品。白柑桂酒的別名Tripple Sec具有「三倍辣」的意思，雖然是加上橘子果皮香味成分的力嬌酒的總稱，但此處的重點是使用格外火辣的義大利製品。用醃泡橘子那含有白柑桂酒的的果汁來製作沙巴雍，中央則是包著蜂蜜慕斯。用來點綴的是格雷伯爵風味的甘納許，讓同樣屬於橘子類的香檸檬所散發出的香氣可以自然的得到調和。

◆製作方法參閱47頁

紫水晶

Améthyst

用來自西班牙的飲料桑格莉亞做為主題，來製作成杯物甜點的樣式。下方的波特酒果凍塞滿了醃泡波特酒的橘子果肉，上方則是包有櫻桃酒芭芭露的黑加侖慕斯，頂端則是擠上黑加侖風味的蛋白霜。桑格莉亞一般會用紅酒製作，但在此使用酸味較強的水果，兩者搭配在一起會變得太酸，祕訣在於用甜的波特酒來突顯出橘子跟黑加侖的清涼感。

◆製作方法參閱47頁

阿爾薩斯塔

Alsacienne

把焦糖風味的杏仁鮮奶油與櫻桃一起烘培，可以直接品嚐到醃泡櫻桃酒的櫻桃所帶來的銳利，是款構造精簡的塔。酒精從櫻桃之中滲出，鮮奶油的厚重之中則帶有焦糖風味的銳利。為了跟濃郁的內部形成對比，外側選擇酥脆輕盈的基本酥皮麵團，卻又無法捨棄甜酥皮麵團，最後將甜酥皮麵團切細灑在上方一起烘培。表面的櫻桃已經將酒精去除，不喜愛酒類的人也能輕鬆的享用。

◆製作方法參閱48頁

蘇玳甜酒果凍

Sauternes

將法國波爾多地區所出產的飯後甜酒Sauternes製作成果凍。身為擁有濃郁芳香的高級葡萄酒，光是這樣就已經具備充分的美味，在此加上巨峰葡萄成為更加奢華的饗宴。用最低限度的明膠來進行凝固的果凍柔軟又滑嫩，感觸有如天然水一般。最後用檸檬糖漿從上方倒下，使整體的味道凝聚在一起。用覆盆子取代葡萄也非常的美味。

◆製作方法參閱48頁

鳳梨薩瓦蘭 第37頁

材料（份量40個）

●鳳梨糖煮水果

- 鳳梨……500g
- 礦泉水……450g
- 細砂糖……260g
- 乾燥香草……2根
- 八角……7.5g
- 櫻桃酒……30g

●薩瓦蘭麵團

- 半乾燥酵母……13g
- 細砂糖……5g
- 溫水……60g
- 高筋麵粉……420g
- 蛋（整顆）……280g
- 細砂糖……28g
- 鹽……8.5g
- 牛奶……150g
- 發酵奶油……125g
- 糖漬鳳梨片……280g

●糖漿

- 礦泉水……1000g
- 糖……560g
- 橘子皮……1顆
- 檸檬皮……1顆
- 乾燥香草……4根
- 八角……30g
- 糖漬鳳梨片的糖漿……950g
- 檸檬汁……80g
- 櫻桃酒……640g

杏子果醬、外交官式鮮奶油（48頁）、鮮奶油香堤（48頁）、櫻桃、百里香的葉子……適量

製作方法

製作鳳梨糖煮水果

1 將鳳梨的外皮跟核心去除，切成1公分厚的薄片。

2 將櫻桃酒以外的材料跟**1**放到鍋子內煮沸。

3 散熱到可以作業之後，調整到33brix的糖度。

烘烤薩瓦蘭麵團

1 把酵母跟細砂糖加到36℃的溫水中混合，在常溫下進行前置發酵。

2 把蛋（整顆）、細砂糖、鹽、牛奶、**1**放到攪拌碗內，用電動打蛋器攪拌到出現麩質為止。

3 加上蠟狀的奶油，攪拌到整體柔滑為止。

4 移到碗內用保鮮膜蓋住，放到30℃的發酵箱內發酵30分鐘。

5 將氣體放掉，再次放到發酵箱內以30℃的溫度發酵30分鐘。

6 將切碎的糖漬鳳梨片加入混合。分別在直徑5公分的布丁杯中擠上25g、直徑3.5公分的小蛋糕（PomPonette）模具中擠上5g。

7 放到30℃的發酵箱內，布丁杯發酵到6成的高度，小蛋糕模具發酵到將模具整個填滿。

8 用噴霧器在表面噴水，放到烤箱用200℃的溫度烤15分鐘，將電動風門打開乾燥5分鐘。

讓糖漿滲入與修飾

1 製作糖漿。將櫻桃酒以外的材料煮沸，加蓋悶5分鐘左右，讓香味可以確實的附著。

2 加上櫻桃酒，用細的濾網進行過濾。調整到33brix的糖度。

3 用火將糖漿煮熱，一邊把溫度維持在60℃，一邊把薩瓦蘭麵團從模具卸下浸泡到糖漿內。充分吸收糖漿之後排在托盤上用保鮮膜蓋住，放到冰箱冷藏一個晚上。

4 用毛刷將杏子果醬塗在**3**的整個表面。

5 用挖洞器在布丁杯的薩瓦蘭麵團中央挖出一個凹陷，將外交官式鮮奶油擠到凹陷處。

6 將切成1公分方塊的糖煮水果的果肉排在周圍，用星形花嘴將鮮奶油香堤擠到中央。

7 把用小蛋糕模具烘烤出來的薩瓦蘭麵團放到頂端，用櫻桃進行裝飾，從上方將竹籤刺入來進行固定。用百里香的葉子進行裝飾。

口味的關鍵在於糖漿的八角跟櫻桃酒。用香料來得到清涼感，用櫻桃酒來得到犀利的風味。

異國巧克力塔 第38頁

材料（份量60個）

甜酥皮麵團（84頁）……適量

●薑、巧克力混合麵團

- 可可含量56%的巧克力……590g
- 35%生奶油……840g
- 蛋（整顆）……170g
- 生薑（磨碎）……30g

●巧克力瓦片餅

- 無鹽奶油……45g
- 糖粉……100g
- 可可粉……8g
- 柳橙汁……65g
- 低筋麵粉……35g
- 杏仁顆粒（4～6公釐）……45g

鮮奶油香堤（48頁）、噴槍用巧克力……適量

＊噴槍用巧克力是將可可粉跟巧克力一起融化所製作出來。

製作方法

烘烤塔皮

1 製作甜酥皮麵團，擀到2公釐的厚度。鋪到直徑8公分的塔環內，用烤箱以170℃的溫度烤15～20分鐘。

2 將融化的巧克力加到煮沸的生奶油來進行乳化。

3 把蛋（整顆）加入混合均勻，與生薑混合進行過濾。

4 之後倒到**1**的上面，用烤箱以170℃的溫度烤5～6分鐘。

製作巧克力瓦片餅與修飾

1 將糖粉跟可可粉加到融化的奶油上，翻動底部攪拌均勻，將柳橙汁倒入。

2 與低筋麵粉混合，加上杏仁攪拌混合。

3 在鋪好烘培墊的烤盤擠上直徑3公分左右，放到烤箱用160℃的溫度烤13～15分鐘。

4 用星形花嘴在塔皮內擠上鮮奶油香堤，將噴槍用的巧克力噴在整個表面上。

5 放上巧克力瓦片餅，用巧克力等進行裝飾。

巧克力淋漿

材料（完成份量約1公斤）

礦泉水300g／35%生奶油240g／細砂糖360g／可可粉100g／明膠13g

製作方法

1 將礦泉水與生奶油加熱，把事先混合的細砂糖跟可可粉加入混合。

2 沸騰後煮到出現光澤為止，把明膠加入使其融化。

3 把容器放到冰水散熱，放置一個晚上再來使用。

白巧克力淋漿

材料（完成份量約1公斤）

牛奶360g／麥芽糖140g／明膠10g／可可含量35%的白巧克力500g

製作方法

1 將牛奶跟麥芽糖煮沸，加上明膠使其融化。

2 把**1**加到白巧克力上，乳化時注意不要讓氣泡混入。

3 把容器泡到冰水散熱，放置一個晚上再來使用。

胡桃黑蛋糕 第39頁

材料（57公分×37公分 1片）

●**麵包香料達可瓦滋（60公分×40公分的烤盤2片）**

胡桃	80g
蛋白霜	
蛋白	800g
細砂糖	400g
杏仁粉	330g
胡桃粉	330g
糖粉	330g
低筋麵粉	100g
肉桂粉	4.5g
麵包用香料	5g
糖粉（裝飾用）	適量

●**巧克力奶酪**

蛋黃	125g
轉化糖	60g
牛奶	300g
35%生奶油	300g
明膠	5g
可可含量40%的牛奶巧克力	440g

●**焦糖鮮奶油**

細砂糖	440g
35%生奶油	1290g
香草	1又1/2根
蛋黃	382g
明膠	16.9g
35%生奶油	330g

●**巧克力慕斯**

蛋黃	615g
轉化糖	172g
牛奶	856g
可可含量66%的巧克力	820g
可可含量70%的巧克力	92g
35%生奶油	960g

●**淋漿（完成份量約1公斤）**

礦泉水	100g
35%生奶油	180g
牛奶巧克力	200g
透明鏡面果膠	580g
巧克力淋漿（45頁）、金箔	適量

製作方法

烘烤達可瓦滋

1 將胡桃烘培到金黃色之後切碎。

2 把蛋白跟細砂糖打到發泡，確實製作成蛋白霜。

3 加上杏仁粉、胡桃粉、糖粉、低筋麵粉、肉桂粉、麵包用香料，攪拌時不要將氣泡壓破，

4 將麵糊倒到鋪上烘培專用紙的2片烤盤上，抹平之後在其中一份灑上烘培過的胡桃。

5 用濾網篩上糖粉，放到烤箱用190℃的溫度烤12～15分鐘。

製作巧克力奶酪

1 將蛋黃跟轉化糖混合，翻動底部進行攪拌。

2 將一起煮沸的牛奶跟生奶油加入，一邊攪拌一邊煮到濃稠。

3 加上明膠使其融化之後進行過濾。

4 跟融化的巧克力混合來進行乳化，散熱到可以作業的溫度。

製作焦糖鮮奶油

1 將細砂糖煮到金黃色。

2 將一起煮沸的1290g鮮奶油與香草混合，把蛋黃加入一邊攪拌一邊煮到濃稠。

3 加上明膠使其融化之後進行過濾。

4 跟攪拌到發泡7分的330g鮮奶油進行混合。

製作巧克力慕斯

1 將蛋黃跟轉化糖混合。

2 加上沸騰的牛奶，一邊攪拌一邊加熱，煮到濃稠之後進行過濾。

3 跟一起融化的兩種巧克力混合來進行乳化，散熱到32℃。

4 加上攪拌到發泡7分的生奶油，混合到柔滑為止。

製作淋漿

1 將礦泉水跟生奶油煮沸。

2 把**1**加到融化的巧克力來進行乳化。

3 加上透明鏡面果膠使其融化，散熱到可以作業的程度，放到冰箱冷藏一個晚上再使用。

組合與修飾

1 把沒有灑上胡桃的達可瓦滋鋪在57公分×37公分的凝固板內，將巧克力奶酪倒入之後抹平，放到冰箱冷凍凝固。

2 將焦糖鮮奶油倒入之後再次冷凍，倒過來從模具中卸下。

3 把慕斯倒到跟**1**尺寸相同的凝固板內，把**2**埋進去之後將剩下的慕斯倒入。把灑有胡桃的達可瓦滋疊在上面，放到冰箱冷凍凝固。

4 倒過來從模具中卸下，把淋漿倒在表面上。切成喜歡的形狀，用淋漿拉出線條之後用金箔進行裝飾。

法國製的香料麵包專用的香料，可以更進一步突顯出肉桂的香味。

桃紅玫瑰 第40頁

材料（直徑8公分的杯子60個）

●**覆盆子醬汁**

覆盆子果泥	600g
細砂糖	60g
白酒	100g

●**香草芭芭露**

蛋黃	160g
細砂糖	170g
牛奶	390g
香草	1根
明膠	11g
35%生奶油	600g

●**白桃糖煮水果**

白桃	8顆
礦泉水	400g
白酒	300g
細砂糖	300g
檸檬汁	40g
乾燥香草	2根

●**玫瑰紅酒果凍**

礦泉水	800g
細砂糖	400g
明膠	32g
玫瑰紅酒	800g
檸檬汁	22g
玫瑰紅酒	200g
覆盆子、百里香的葉子	適量

製作方法

製作覆盆子醬汁

1 把果泥跟細砂糖混合在一起，融化之後把白酒倒入。

製作香草芭芭露

1 把蛋黃跟細砂糖混合在一起，翻動底部進行攪拌。

2 加上煮沸的牛奶跟香草，一邊攪拌一邊煮到濃稠。

3 加上明膠使其融化，過濾之後散熱到可以作業的溫度。

4 跟攪拌到發泡7分的生奶油混合在一起。

製作白桃糖煮水果

1 將白桃的皮跟種子去除，切成4分之1。

2 將白桃以外的材料放到鍋內加熱，煮沸之後把白桃加入。

3 調整到糖度22brix，散熱到可以作業的溫度之後，放到冰箱冷藏一個晚上。

製作玫瑰紅酒果凍

1 把細砂糖加到礦泉水來煮沸，加上明膠使其融化。

2 將容器泡到冰水中，散熱到10℃以下。

3 將800g的玫瑰紅酒一口氣倒入，進行急速冷凍。

4 將檸檬汁跟200g的玫瑰紅酒倒入，放到冰箱冷藏一個晚上來進行凝固。

倒到杯子內與修飾

1 將覆盆子醬汁倒到杯子內，填滿1公分的高度後放到冰箱冷凍凝固。

2 將芭芭露擠到杯子一半的高度之後，再次放到冰箱冷凍。

3 把糖煮水果的果肉切成大約2.5公分的大小，放上3～4塊。用湯匙將充分的果凍挖到杯子內。

4 淋上大約2匙糖煮水果的果汁，把覆盆子切成粗粒之後灑上，用百里香的葉子進行裝飾。

法國波爾多地區所出產的玫瑰紅酒，具有爽朗卻又銳利的芳香。

蜂蜜蛋糕 第41頁

材料
（直徑7cm的圓頂型模具96個）

●醃泡橘子
- 橘子果肉……1000g
- 柳橙汁……390g
- 橘子花蜂蜜……390g
- 白柑桂酒……100g
- 檸檬汁……80g

●橘子沙巴雍
- 柳橙汁……252g
- 醃泡橘子的糖漿……72g
- 橘子皮（磨碎）……1顆
- 蛋黃……113g
- 細砂糖……98g
- 明膠……6.8g
- 35%生奶油……170g

●格雷伯爵風味甘納許
- 牛奶……85g
- 35%生奶油……280g
- 格雷伯爵茶葉……28g
- 可可含量40%的牛奶巧克力……365g
- 杏仁碎粒（4～6公釐）……85g

把蛋分開攪拌的杏仁蛋糕體（17頁）……適量

●蜂蜜慕斯
- 橘子花蜂蜜……865g
- 蛋黃……353g
- 明膠……41g
- 35%生奶油……2250g

●橘子焦糖淋漿（完成份量約1公斤）
- 細砂糖……480g
- 柳橙汁……400g
- 35%生奶油……260g
- 明膠……16g

橘子果肉……適量

製作方法

製作醃泡橘子

1 將橘子果肉切成一瓣一瓣。
2 用鍋子將所有材料煮沸，移到碗內散熱到可以作業的溫度。蓋上保鮮模，放到冰箱冷藏24小時。
3 把果肉與糖漿分開之後將果肉瀝乾。

製作橘子沙巴雍

1 將柳橙汁、醃泡橘子的糖漿、橘子皮煮沸。
2 將蛋黃與細砂糖混合，翻動底部攪拌之後把**1**加入，用鍋子一邊攪拌一邊煮到濃稠。
3 加上明膠使其融化，過濾之後散熱到可以作業的溫度。
4 跟發泡7分的生奶油混合，倒到直徑3.6公分的小蛋糕（PomPonette）模具內，達到一半高度後將醃泡橘子的果肉塞入，再次倒入將模具填滿，放到冰箱冷凍凝固。

製作格雷伯爵風味甘納許

1 將牛奶跟生奶油煮沸之後把火關掉，加蓋悶5分鐘。
2 過濾之後補上生奶油，調整到250g。
3 跟融化的巧克力加在一起進行乳化，把杏仁混合進去。
4 散熱到可以作業的溫度後塗到蛋糕體上，放到冰箱冷凍，凝固之後切成4.5公分的方塊。

製作蜂蜜慕斯

1 將蜂蜜煮沸之後加上蛋黃。移到鍋內一邊攪拌一邊煮到濃稠。
2 過濾之後加到攪拌碗內，用打蛋器攪拌發泡，直到出現厚重的感覺為止。
3 跟融化的明膠混合，跟攪拌到發泡8分的生奶油加在一起混合均勻。

製作橘子焦糖淋漿

1 將細砂糖煮到金黃色。
2 加上柳橙汁、生奶油來混合均勻。
3 加上明膠使其融化，過濾之後散熱到可以作業的溫度，放到冰箱冷藏一個晚上之後再使用。

組合與修飾

1 將慕斯倒到圓頂模具一半的高度，把從模具卸下的沙巴雍埋進去。
2 用剩下的慕斯倒到8分滿，疊上蛋糕體，放到冰箱冷凍凝固。
3 從模具卸下之後倒上淋漿。放上橘子果肉，用巴拉金糖的糖人藝術或紅加侖進行裝飾。

橘子花蜂蜜（左）跟白柑桂酒（右）。統一使用橘子芳香可以提高作品整體的完成感。

紫水晶 第42頁

材料
（直徑5公分×高8公分的杯子48個）

●醃泡波特酒的橘子
- 橘子果肉……8顆
- 橘子皮……2顆
- 細砂糖……300g
- 紅寶波特酒……400g
- 礦泉水……530g
- 檸檬汁……25g

●醃泡波特酒的果凍
- 細砂糖……40g
- 蒟蒻果凍粉（Pearlagar）……25g
- 醃泡波特酒的橘子的糖漿……1500g

●櫻桃酒芭芭露
- 蛋黃……65g
- 細砂糖……65g
- 牛奶……180g
- 香草……1/2根
- 明膠……3.5g
- 櫻桃酒……20g
- 35%生奶油……168g

●黑加侖慕斯
- 蛋黃……138g
- 細砂糖……90g
- 黑加侖果泥……405g
- 明膠……13.5g
- 黑加侖鮮奶油……45g
- 義式蛋白霜
  - 蛋白……100g
  - 細砂糖……200g
  - 礦泉水……60g
- 黑加侖果泥……577g

●黑加侖蛋白霜
- 義式蛋白霜
  - 蛋白……100g
  - 細砂糖……200g
  - 礦泉水……60g
- 黑加侖果泥……100g

冷凍黑加侖……適量

製作方法

製作醃泡波特酒的橘子

1 將橘子果肉以外的材料混合在一起攪拌融化。
2 加上果肉，放到冰箱冷藏24小時。
3 把果肉跟糖漿分開之後，將果肉瀝乾。

製作醃泡波特酒的果凍

1 把細砂糖跟蒟蒻果凍粉加在一起，翻動底部攪拌。
2 把醃泡過的糖漿煮沸，把**1**加入使其融化。
3 每個杯子放入2片左右醃泡過的橘子，趁熱把**2**倒到4分滿，放到冰箱冷凍凝固。

製作櫻桃酒芭芭露

1 將蛋黃與細砂糖混合，翻動底部攪拌。
2 將牛奶與香草煮沸之後加到**1**，用鍋子一邊攪拌一邊煮到濃稠。
3 加上明膠使其融化，過濾之後散熱到可以作業的溫度。
4 將櫻桃酒倒入，跟攪拌到發泡7分的生奶油混合。
5 再將直徑3.6公分的小蛋糕（PomPonette）模具倒滿，放到冰箱冷凍凝固。

製作黑加侖慕斯

1 將蛋黃與細砂糖混合，翻動底部攪拌。
2 加上果泥，一邊攪拌一邊煮到濃稠。
3 加上明膠使其融化，過濾之後散熱到可以作業的溫度。
4 加上黑加侖鮮奶油混合均勻。
5 參閱83頁製作義式蛋白霜。
6 將打到發泡7分的生奶油跟**5**加到**4**，攪拌到柔滑為止。

製作黑加侖蛋白霜

1 參閱83頁製作義式蛋白霜，加上果泥混合。

倒入杯子內與修飾

1 在已經放有果泥的杯子內擠上慕斯，達到7分滿之後將櫻桃酒芭芭露從模具卸下埋入，再次擠上慕斯將杯子填滿，最後將表面抹平。
2 灑上黑加侖，放上蛋白霜用抹刀做出造型，最後用噴火槍將表面烤焦。

紅寶波特酒。波特酒的甜味可以突顯出黑加侖跟橘子的清涼感。

阿爾薩斯塔 第43頁

材料
（使用直徑8公分的藍寶石型模具）

●**泡酒櫻桃的前置處理**
醃泡洋酒的櫻桃的糖漿……1000g
細砂糖……200g
醃泡洋酒的櫻桃……適量

●**焦糖杏仁鮮奶油**
細砂糖……適量
礦泉水……適量
杏仁鮮奶油（下方）……適量

●**基本酥皮麵團（完成份量約570g）**
發酵奶油……200g
低筋麵粉……280g
鹽……6g
細砂糖……6g
牛奶……20g
蛋（整顆）……60g
醃泡洋酒的櫻桃、甜酥皮麵團（84頁）、紅糖、杏子果醬、鮮奶油香堤……適量
＊各部位分別製作，因此無法顯示完成數量。

製作方法
泡酒櫻桃的前置處理
1 將細砂糖加到泡酒櫻桃的糖漿內，煮沸將酒精成分去除。
2 將果肉醃泡24小時以上。
製作焦糖杏仁鮮奶油
1 將細砂糖煮到金黃色，加上礦泉水來進行冷卻。
2 一邊試味道一邊跟杏仁鮮奶油混合。
製作塔與修飾
1 跟17頁的「小塔」一樣製作基本酥皮麵團，擀到2公釐的厚度之後放到塔環內。
2 用焦糖杏仁鮮奶油來填滿塔環的一半，排上3顆沒有去除酒精成分的櫻桃，用焦糖杏仁鮮奶油將整個模具填滿。
3 將切碎的甜酥皮麵團灑在上面，篩上紅糖，放到烤箱用175℃的溫度烤25分鐘。
4 排上去除酒精成分的櫻桃，將杏子果醬塗在表面。用星形花嘴擠上鮮奶油香堤，用開心果等進行裝飾。

蘇玳甜酒果凍 第44頁

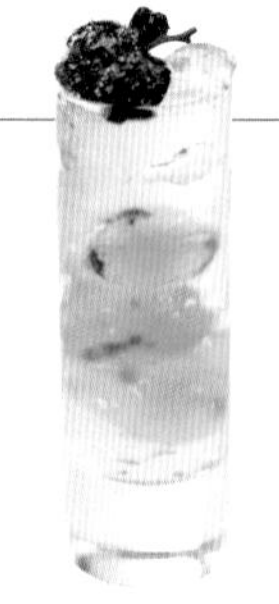

材料（直徑4公分×高12公分的杯子35個）

●**蘇玳甜酒果凍**
礦泉水……1250g
細砂糖……430g
明膠……28g
蘇玳甜酒……750g
檸檬汁……32g

●**檸檬糖漿**
礦泉水……345g
細砂糖……120g
檸檬汁……20g
沒有種子的巨峰葡萄、帶枝的葡萄乾、細砂糖……適量

製作方法
製作蘇玳甜酒果凍
1 將礦泉水跟細砂糖煮沸，加上明膠使其融化，將容器泡到冰水冷卻到10℃以下。
2 將透過煮沸來去除酒精的甜酒一口氣倒入，急速冷卻之後加上檸檬汁，放到冰箱冷藏一個晚上。
將杯子裝滿與裝飾
1 製作檸檬糖漿。將礦泉水跟細砂糖煮沸之後把火關掉，散熱到可以作業的溫度之後加上檸檬汁。
2 將燙過去皮的巨峰葡萄與果凍輪流塞到杯子內。
3 用深的湯匙舀入3匙檸檬糖漿，將細砂糖篩在帶枝葡萄乾上，插到杯子上進行裝飾。

Sauternes是法國波爾多地區所出產的甜酒，有著蜂蜜一般獨特的甜甜香味。

卡士達鮮奶油

材料（完成份量約1公斤）
牛奶610g／42%生奶油190g／香草1根／蛋黃160g／細砂糖200g／低筋麵粉32g／玉米粉32g

製作方法
1 將牛奶、生奶油、香草煮沸。
2 將細砂糖加到蛋黃內，翻動底部攪拌到泛白為止。加上低筋麵粉跟玉米粉來進行混合。
3 把**1**一點一滴的加到**2**，混合之後進行過濾。倒到鍋內用大火一口氣煮沸，讓粉的感覺消失。

鮮奶油香堤

材料
42%生奶油1公斤／脫脂濃縮牛奶30g／細砂糖75g

製作方法
1 所有材料加在一起，攪拌到發泡。

外交官式鮮奶油

材料
卡士達鮮奶油1000g／鮮奶油香堤500g

製作方法
1 將所有材料用打蛋器混合均勻。

杏仁鮮奶油

材料（完成份量約1公斤）
發酵奶油250g／糖粉250g／蛋（整顆）250g／杏仁粉250g

製作方法
1 將糖粉加到蠟狀的奶油上，翻動底部攪拌到泛白為止。
2 將蛋（整顆）分成3～4次加入混合。
3 加上杏仁粉混合均勻，放置一晚之後再使用。

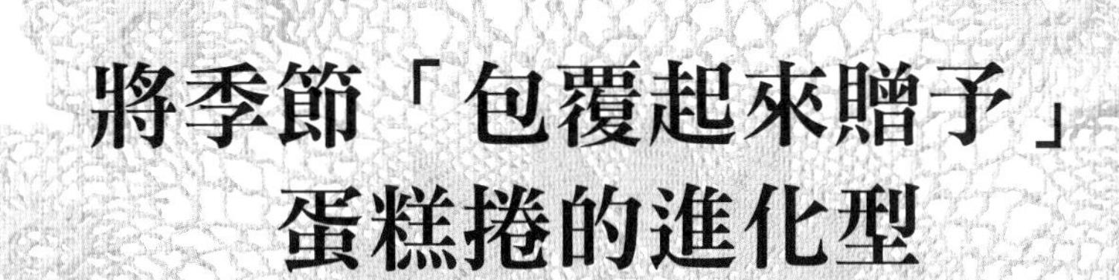

將季節「包覆起來贈予」
蛋糕捲的進化型

禮盒蛋糕

「包覆的文化」在日本屬於古老的傳統。用和紙將季節性禮品包起來贈予的習俗，是從室町時代（1573年～）開始發達的送禮習俗。將這項傳統應用在西洋甜點之中，讓蛋糕捲進化成禮盒（Coffret）的型態。

蛋糕捲的魅力在於可以讓大家輕鬆的分割享用，要在這個領域之中展現出自己獨自的特色，其實並不簡單。過多的鮮奶油容易讓外觀變形，讓製作者不得不減少鮮奶油的份量來捲出美麗的造型。在此轉換思考方式，採用包覆的構造。

透過包覆的方式，讓種類變化產生無限的可能性。除了滿滿的鮮奶油之外，還可以在中央放入季節性的材料，裝飾上也不再有任何限制。跟蛋捲一樣引出麵團與鮮奶油的美味，同時又能自由的表現出季節感。

以草莓為主角的禮盒蛋糕。用濕潤的開心果蛋糕體來將草莓香堤跟大顆的草莓果實包住。在香堤之中混入覆盆子果泥跟力嬌酒來當作隱味，並在蛋糕體塗上薄薄一層的白巧克力甘納許。組合生奶油跟白巧克力，讓人回憶起草莓牛奶那令人懷念的風味。

春祭禮盒蛋糕

Coffret printnier

◆製作方法參閱54頁

夏

給人帶來清涼感的禮盒蛋糕。用鬆軟口感的蛋糕體將白起士香堤包覆在內，並在香堤之中混入白巧克力，跟只使用鮮奶油相比，給人的感覺更加清爽，可以毫不甜膩的就享受到新鮮牛奶的芳香。中央放上芒果果泥，兩旁用椰子蛋白霜進行裝飾，醞釀出熱帶的南國氣氛。

白起士芒果禮盒蛋糕

Coffret fromage blanc mangue

◆製作方法參閱54頁

活用和栗跟紅砂糖的濃郁芳香所製作出來的禮盒蛋糕。特徵是傑諾瓦士海綿蛋糕跟香堤都使用精製程度較低的棕色含蜜糖，其特性是在和三盆糖與黑糖中間，不會太過強烈。中央鑲上日本國產的澀皮栗，並在蛋糕塗上薄薄的外交官式鮮奶油（卡士達與香堤的份量2比1）來得到雞蛋的濃郁。傑諾瓦士蛋糕鬆軟的口感可以更進一步突顯出鮮奶油的風味。

褐色栗子蛋糕

Coffret marron brune

◆製作方法參閱55頁

冬

裝飾出亮麗外表的聖誕節禮盒蛋糕。表面倒上淋漿，並用巧克力口味的傑諾瓦士海綿蛋糕來將巧克力香堤包覆在內，中央則是濃縮有杏仁風味的芭芭露。味道雖然濃厚，卻擁有輕盈又不甜膩的口感。一般會在香堤所使用的生奶油之中加上濃縮脫脂牛奶，這樣可以一邊維持乳固形物，一邊降低脂肪成分，清爽又濃郁，同時還可以突顯出乳糖甜味，但本作品中的巧克力刻意不使用濃縮脫脂牛奶，讓大家可以享用到百分之百的巧克力風味。

聖誕巧克力禮盒蛋糕

Coffret chocolat Noël

◆製作方法參閱55頁

春祭禮盒蛋糕 第50頁

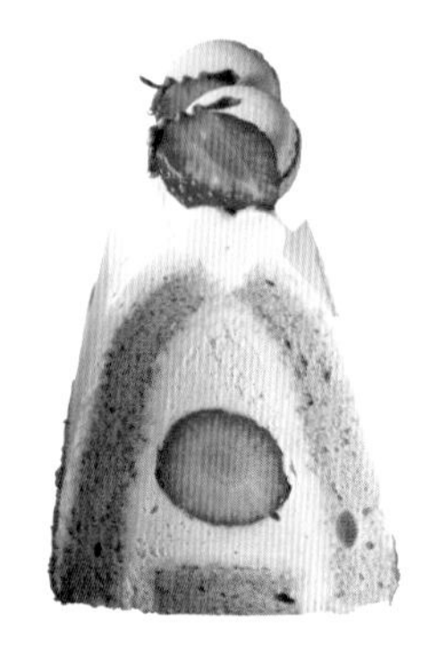

材料

（長36公分的鹿背型模具10個）

●開心果蛋糕體（可容下6個四角盆（Vat）的烤盤4片）

蛋（整顆）……1120g
杏仁粉……630g
糖粉……520g
開心果糊……320g
蛋白霜
　蛋白……680g
　細砂糖……340g
低筋麵粉……340g

●白巧克力甘納許

牛奶……280g
轉化糖……70g
明膠……9g
白巧克力……700g

●草莓香堤

42%生奶油……700g
脫脂濃縮牛奶……22g
細砂糖……80g
草莓果泥……66g
覆盆子果泥……132g
覆盆子力嬌酒……7.5g
明膠……6.4g

草莓、鮮奶油香堤（48頁）……適量

製作方法

將甘納許塗到開心果蛋糕體

1　參閱16頁的「紅莓公主」來烘烤開心果蛋糕體。

2　參閱16頁的「紅莓公主」來製作白巧克力甘納許，完成之後塗在**1**的表面。分別切出35公分×16公分與35公分×3公分來給兩旁跟底部使用。

製作草莓香堤

1　用打蛋器將生奶油、濃縮脫脂牛奶、細砂糖攪拌到發泡8分。

2　將2種果泥跟力嬌酒加在另一個碗內，加上融化的明膠攪拌混合。

3　把**1**跟**2**加在一起混合均勻。

組合與修飾

1　把兩旁用的蛋糕體鋪到鹿背型模具內，將草莓香堤擠入，填滿模具的一半。

2　把草莓的葉子去除之後排到模具內，用剩下的香堤擠到9分滿。

3　疊上底部用的蛋糕體，放到冰箱冷藏一個晚上。

4　從模具中卸下，在表面塗上鮮奶油香堤。用覆盆子或馬卡龍等進行裝飾。

使用法國廠商以日本市場為目標所研發的白巧克力。具有清爽的口感，符合日本人所喜愛的口味。

白起士芒果禮盒蛋糕 第51頁

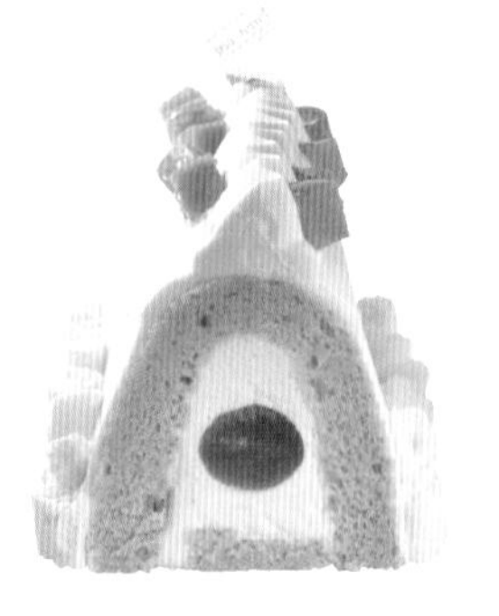

材料

（長36公分的鹿背型模具10個）

●檸檬杏仁拇指蛋糕體（可容下6個四角盆（Vat）的烤盤4片）

蛋白霜
　蛋白……1160g
　細砂糖……960g
蛋黃……880g
低筋麵粉……420g
杏仁粉（顆粒較細的種類）……320g
無鹽奶油……240g
檸檬皮（磨碎）……2顆

●白起士香堤

牛奶……570g
明膠……22g
白巧克力……1260g
白起士……750g
35%生奶油……1350g

●芒果果凍

芒果果泥……1200g
百香果果泥……250g
細砂糖……120g
明膠……22g

鮮奶油香堤（48頁）、椰子蛋白霜（83頁）、芒果……適量

製作方法

烘烤檸檬杏仁拇指蛋糕體

1　把蛋白跟細砂糖打到發泡，確實製作成蛋白霜，加上蛋黃用打蛋器混合均勻。

2　從攪拌器卸下，跟低筋麵粉、杏仁粉混合，加上融化的奶油與檸檬皮來確實進行攪拌。

3　倒到鋪有烘培專用紙的烤盤上，放到烤箱用180℃的溫度烤10～12分鐘。散熱到可以作業的溫度後，分別切出35公分×16公分跟35公分×3公分來給兩旁跟底部使用。

製作白起士香堤

1　將牛奶煮沸，加上明膠使其融化。

2　跟融化的巧克力加在一起來進行乳化，散熱到可以作業的溫度。

3　加上白起士來確實混合，跟攪拌到發泡7分的生奶油混合在一起。

製作芒果果凍

1　將2種果泥加在一起，跟細砂糖混合均勻。

2　加上融化的明膠來進行混合。倒到直徑2.5公分×長40公分的筒型模具內，放到冰箱冷凍凝固。

組合與修飾

1　把兩旁用的蛋糕體鋪到模具內，擠上白起士香堤，將模具的一半填滿。

2　將芒果果凍從模具中卸下，切成跟鹿背型模具一樣長度後放到白起士香堤上，用剩下的香堤擠到9分滿。

3　疊上底部用的蛋糕體，放到冰箱冷藏一個晚上。

4　從模具中卸下，在表面塗上鮮奶油香堤，兩旁貼上椰子蛋白霜，用Saint-Honor　花嘴擠上鮮奶油香堤，用切成1公分方塊的芒果進行裝飾。

褐色栗子蛋糕 第52頁

材料
（長36公分的鹿背型模具10個）

●傑諾瓦士海綿蛋糕（可容下6個四角盆（Vat）的烤盤4片）
- 蛋（整顆）……1100g
- 紅砂糖……660g
- 低筋麵粉……660g
- 無鹽奶油……120g
- 麥芽糖……120g
- 牛奶……120g
- 外交官式鮮奶油（48頁）……1200g

●褐色香堤
- 42%生奶油……2000g
- 濃縮脱脂牛奶……57g
- 紅砂糖……180g
- 明膠……4.2g

和栗的澀皮煮、鮮奶油香堤（48頁）、傑諾瓦士蛋糕的碎屑、糖粉……適量

＊傑諾瓦士蛋糕的碎屑，是將多餘的傑諾瓦士麵團放到烤箱烤成黃金色之後，處理成粉末狀。

製作方法

烘烤傑諾瓦士海綿蛋糕

1 將蛋（整顆）跟紅砂糖放到攪拌碗內，用打蛋器攪拌到舀起後像緞帶一般掉落的程度。
2 一邊攪拌一邊將低筋麵粉慢慢加入。
3 將奶油、麥芽糖、牛奶一起加溫融化，把**2**的一部分加入來進行乳化。
4 把**3**倒回**2**來混合均勻。
5 倒到鋪有烘培專用紙的烤盤上，放到烤箱用180℃的溫度烤10～12分鐘。
6 散熱之後每一片塗上300g的外交官式鮮奶油，分別切出35公分×16公分跟35公分×3公分來給兩旁跟底部使用。

製作褐色香堤

1 將明膠以外的材料放到攪拌碗內，用打蛋器攪拌到發泡8分。
2 將融化的明膠加入混合。

組合與修飾

1 把兩旁用的傑諾瓦士蛋糕鋪到模具內，擠上褐色香堤，將模具的一半填滿。
2 每一份排上100g的和栗，用剩下的香堤擠到9分滿。
3 疊上底部用的蛋糕體，放到冰箱冷藏一個晚上。
4 從模具中卸下，在表面塗上薄薄的鮮奶油香堤，灑上傑諾瓦士蛋糕的碎屑將整個蛋糕蓋住。在上方篩上條狀的糖粉，用和栗進行裝飾。

紅砂糖是位於黑糖與和三盆糖中間的含蜜糖，不會太過甜膩，擁有爽朗又恰到好處的芳香。

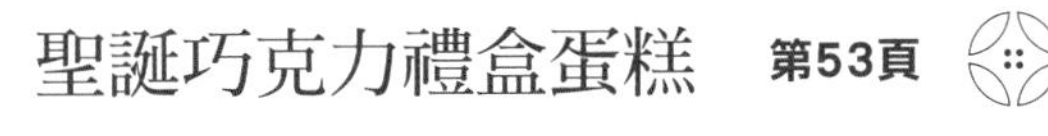

聖誕巧克力禮盒蛋糕 第53頁

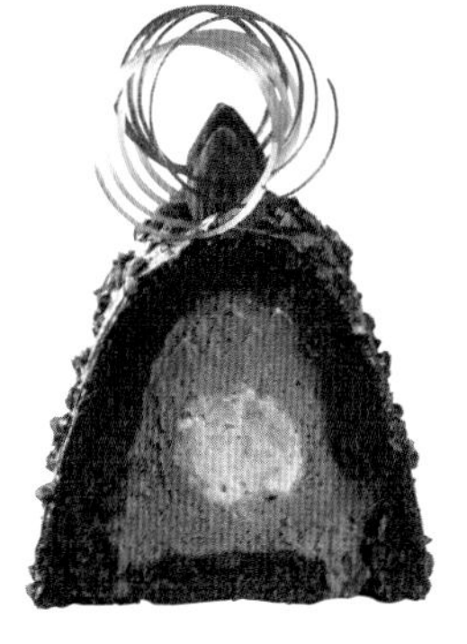

材料
（長36公分的鹿背型模具10個）

●巧克力傑諾瓦士蛋糕（可容下6個四角盆（Vat）的烤盤4片）
- 蛋（整顆）……1350g
- 細砂糖……675g
- 低筋麵粉……510g
- 可可粉……135g
- 無鹽奶油……135g
- 麥芽糖……135g
- 牛奶……135g

●巧克力香堤
- 35%生奶油……1825g
- 轉化糖……130g
- 可可含量66%的巧克力……660g
- 細砂糖……70g
- 35%生奶油……1000g

●杏仁芭芭露
- 蛋黃……114g
- 細砂糖……110g
- 牛奶……344g
- 明膠……11.4g
- 杏仁糊……62g
- 榛果果仁糖……40g
- 35%生奶油……400g
- 杏仁片……185g

●淋漿（完成份量約2公斤）
- 礦泉水……160g
- 細砂糖……160g
- 麥芽糖……200g
- 35%生奶油……575g
- 黑色包覆用巧克力……655g
- 巧克力……160g
- 杏仁顆粒（4～6公釐）……145g

製作方法

烘烤巧克力傑諾瓦士蛋糕

1 將蛋（整顆）與細砂糖放到攪拌碗內，用打蛋器攪拌到舀起後可以像緞帶一般掉落的程度。
2 一邊攪拌一邊將低筋麵粉跟可可粉一點一點的加入。
3 將奶油、麥芽糖、牛奶一起加溫融化，把**2**的一部分倒入來進行乳化。
4 把**3**倒回**2**之後混合均勻。
5 倒到鋪有烘培專用紙的烤盤上，放到烤箱用180℃的溫度烤10～12分鐘。
6 散熱之後分別切出35公分×16公分與35公分×3公分來給兩旁跟底部使用。

製作巧克力香堤

1 將1825g的生奶油與轉化糖煮沸，跟融化的巧克力加在一起進行乳化。
2 加上細砂糖使其融化，散熱到可以作業的溫度後放到冰箱冷藏24小時。
3 加上1000g的生奶油，用打蛋器攪拌到發泡8分。

製作杏仁芭芭露

1 將蛋黃與細砂糖混合，翻動底部進行攪拌。
2 加上煮沸的牛奶，用鍋子一邊攪拌一邊煮到濃稠。
3 加上明膠使其融化，過濾之後散熱到可以作業的溫度。
4 在另一個碗將杏仁糊、榛果果仁糖加在一起，把**3**一點一滴加入稀釋。
5 跟攪拌到發泡7分的生奶油混合在一起，加上烘培過的杏仁片。
6 倒到直徑2.5公分×長40公分的筒型模具之內，放到冰箱冷凍。

製作淋漿

1 將礦泉水、細砂糖、麥芽糖、生奶油煮沸。
2 將包覆用巧克力跟巧克力一起融化，加上**1**來進行乳化。
3 加上烘培過的杏仁進行混合，散熱到可以作業的溫度後放到冰箱冷藏一個晚上。

組合與修飾

1 把兩旁用的蛋糕體鋪到模具內，擠上巧克力香堤，將模具的一半填滿。
2 將芒果芭芭露從模具中卸下，切成跟鹿背型模具一樣長度後放到巧克力香堤上，用剩下的香堤擠到9分滿。
3 疊上底部用的蛋糕體，放到冰箱冷藏一個晚上。
4 從模具中卸下，倒上淋漿。用杏仁跟糖人藝術等進行裝飾。

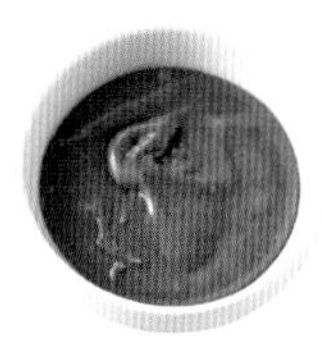

西西里島所出產的帕爾馬Girgenti品種的杏仁糊。烘培之後再加工成糊狀，有著非常迷人的芳香。

適合本土風格的烘培式甜點

「成熟」的美味 德式聖誕蛋糕

Stollen

Stallen在德國雖然是只有聖誕節才會看到的甜點，但我個人卻是整年都會製作。理由非常簡單，如此美味若只能在聖誕節享用，未免太過可惜。

德式聖誕蛋糕的定位在於麵包跟蛋糕中間，主要材料為粉類跟乾燥水果、堅果、奶油，雖然跟蛋糕沒有太大差別，卻透過酵母來得到完全不同的口感，越是成熟風味越好。這點非常適合濕度較高的本土氣候，在夏天也能維持一個月的賞味期。構造堅固容易運送，也是其魅力之一。

在各種不同的製作方式中，我採用中種麵團的製法，用較為強烈的香料來去除油膩的感覺。用大量的水果與堅果加上自家製的杏仁膏當作餡料，內容非常的豪華。

在剛剛烘烤完成時非常的堅硬，必須浸泡到沉澱分離的奶油並篩上三層的糖粉，最少放置一個禮拜，到時蛋糕的風味會滲透到糖粉外，形成濕潤的口感。擁有不純物在內的一般奶油會縮短賞味期，因此不變的先決條件是使用沉澱分離的奶油。

整年均販售且頗受喜愛的
ma∴tériel定番人氣蛋糕。

材料

（16公分×8公分的德式聖誕蛋糕模具20條）

A「混合的糖漬水果（日本國產）685g、混合的糖漬水果（義大利產）535g、胡桃305g、香草糊3.5g、深色萊姆酒154g」

B「杏仁粉290g、牛奶87g、細砂糖175g、深色萊姆酒13g」

C「牛奶360g、半乾燥酵母37g、高筋麵粉230g、低筋麵粉230g、細砂糖12.8g」

D「發酵奶油510g、60%杏仁糊128g、細砂糖128g、鹽15.5g、蛋黃80g」

E「高筋麵粉382g、低筋麵粉382g、紅茶用香料30g、肉蔻粉5g、肉桂粉2g」

沉澱分離的奶油、糖粉各適量

製作方法

將水果與堅果浸泡到萊姆酒內

1 把A的材料全部放到密閉的容器內，醃泡1個月到半年的時間。

製作B（中央）部位

1 將杏仁粉烘培到淡淡的金黃色。

2 將牛奶跟細砂糖煮沸之後加到**1**，混合到成為糊狀為止。

3 加上萊姆酒來進行混合。分成每份25g，製作成長度10公分的棒狀。

製作C（中種麵團）

1 把加熱到30℃的牛奶與酵母混合均勻，進行前置發酵。

2 把高筋麵粉、低筋麵粉、細砂糖加到攪拌碗內，把**1**倒入用攪拌鉤混合10分鐘。攪拌結束的溫度為28～30℃。

3 蓋上保鮮膜，放到30℃發酵箱內發酵20～30分鐘。

烘烤與修飾

1 把D的蠟狀奶油、杏仁糊、細砂糖、鹽加到攪拌碗內，確實攪拌以避免留下任何的塊狀物。

2 加上蛋黃，整體攪拌均勻。

3 換上攪拌鉤，加上中種麵團與篩在一起的E，攪拌到整體混合在一起的程度。

4 把A加上之後攪拌均勻。

5 分成每份200g，各自蓋上保鮮膜，在常溫放置15～20分鐘為發酵做準備。

6 用**5**將中央部位包起來，塞到模具抹平之後加蓋。放到30℃的發酵箱發酵1小時。

7 放到烤箱用180℃的溫度烤40～45分鐘。

8 把透過沉澱將雜質分離的奶油加熱到40℃，趁**7**還處於微溫狀態的時候浸泡到奶油之中。

9 取出後在糖粉上滾動，讓表面完全被糖粉覆蓋，冷卻之後重複同樣的作業，在常溫下放置一個晚上。

10 隔天再次放到糖粉上滾動。放置最少一個禮拜讓味道滲入。

追求法式磅蛋糕
所發展出來的「濕潤感」

蛋糕

基礎為小麥粉、奶油、雞蛋、砂糖等4種材料份量相同的磅蛋糕。讓其中比例產生微妙的變化，發展出屬於我個人風格的蛋糕。一邊強調位於磅蛋糕沿長線上的親和力與濕潤口感，一邊組合各種不同的材料來創造出獨特的美味。

一律使用所謂的「奶油棒打法（Sugar batter）」製作。這是日本從以前就有使用的技法，將發酵奶油與砂糖混合，翻動底部攪拌時把蛋加入，跟粉類進行混合。透過奶油所含有的空氣跟蛋的氣泡性，就算沒有發粉也能迅速膨脹，讓表面出現美麗的裂痕。最佳的賞味期從第3天開始，奶油量較多，因此不適合放置熟成。是讓人享受到鮮美風味的蛋糕。

檸檬焦糖榛果蛋糕

Caramel noisette citron

20歲的時候在書中看到果仁糖與檸檬的甜點，實際品嚐之後深深對那美味所著迷。追逐記憶中的線索來應用在這款蛋糕上。焦糖的濃稠加上榛果的口感與芳香，用糖漬檸檬片將麵團內美麗的均衡整合在一起。稀釋糖漿時加入些微的白柑桂酒當作隱味。麵團雖然使用較多的砂糖，在淡淡的苦跟酸之下不會讓人感到甜膩。

◆製作方法參閱66頁

在巧克力蛋糕中混入嫩煮蘋果的一款蛋糕。重點是用Calvados蘋果白蘭地來對蘋果進行火烤，此時多出的水分也會加到麵團內，從內側創造出濕潤的感覺。另外，麵團不只會使用可可，還加上牛奶巧克力，用油脂成分創造出更進一步的濕潤口感。但份量太多會變成沉重的感覺，必須靠技術與經驗來找出其中的境界線。「濕潤」與「輕飄鬆軟」是處於兩極位置的口感，很難得以兩全。太過「濕潤」反而會變成「沉重」。在我個人的食譜中屬於最為濕潤的一款甜點。

諾曼第巧克力

Normandie chocolat

◆製作方法參閱66頁

胡桃咖啡蛋糕

Cake café noix

可以同時享受胡桃的澀與咖啡的苦，是款具有成人風味的蛋糕。或許是因為那較為溫和的甜度，許多都是買來當作送給男性的禮物。用來賦予芳香的科涅克白蘭地，可以讓麵團變得相當濕潤。混入胡桃粉的麵團在柔軟的同時還能享受到鬆酥的口感。

◆製作方法參閱66頁

椰子鳳梨蛋糕

Coco ananas

組合椰子與鳳梨的一款蛋糕，椰子粉酥脆的口感跟糖漬鳳梨片的香味讓人印象深刻，越是咀嚼味道就越是濃厚。在麵團中加上杏仁粉，用杏仁糖泥與蜂蜜來創造出濕潤感。原本是設計給夏天用的蛋糕，受到大家熱烈的支持，成為全年販賣的作品。

◆製作方法參閱67頁

水果蛋糕

Cake aux fruits

將糖漬水果的黏稠感跟麵團的濕潤感調整到良好均衡的水果蛋糕。使用大量醃泡在深色萊姆酒的乾燥水果，來創造出豪華的內容。豐富的餡料讓甜味也跟著變強，必須用肉桂芳香的犀利加以緩和。

◆製作方法參閱67頁

柑橘蛋糕

Cake d'agrumes

用柑橘類的芳香來當作主角的蛋糕，加上大量的檸檬與糖漬橘片讓麵團得到濕潤的感覺。被賦予酸味的糖衣所擁有的顆粒口感，能為作品做出更進一步的點綴。秘訣是將磨碎的橘子皮混入麵團之前，先與細砂糖仔細的混合。這樣可以讓砂糖本身吸取柑橘類的芳香，更進一步提升麵團的香味。醃泡糖漬水果所使用的橘子庫拉索甜酒，也是不可缺少的存在。

◆製作方法參閱67頁

檸檬焦糖榛果蛋糕 第59頁

材料
（14公分×6公分的蛋糕模具20條）

●麵團
- 細砂糖……435g
- 麥芽糖……130g
- 35%生奶油……450g
- 白柑桂酒……50g
- 發酵奶油……500g
- 細砂糖……765g
- 檸檬皮（磨碎）……1.5顆
- 蛋（整顆）……900g
- 榛果粉……500g
- 低筋麵粉……425g
- 發粉……8g
- 榛果……330g
- 糖漬檸檬片（5公釐方塊）……500g

杏子果醬、榛果、糖漬檸檬片（5公釐方塊）、糖粉……適量

＊榛果一律烘培到金黃色，麵團用的將皮剝掉。

製作方法

1 將435g的細砂糖跟麥芽糖煮到較深的金黃色。
2 加上煮沸的生奶油來進行混合，散熱到可以作業的溫度後將白柑桂酒倒入。
3 在攪拌碗內加上蠟狀的奶油、765g的細砂糖、檸檬皮，用電動打蛋器進行混合。
4 一邊混合一邊將蛋（整顆）分成3～4次加入，將榛果粉加入。
5 把**2**跟**4**加在一起，跟低筋麵粉、發粉混合在一起攪拌均勻。
6 混入榛果與糖漬檸檬片。
7 將260g的麵糊倒到鋪上烘培專用紙的烤盤上，放到烤箱用170℃的溫度烤40分鐘。
8 從模具中卸下，將杏子果醬塗在整個表面，用榛果、糖漬檸檬片進行裝飾，最後篩上糖粉。

諾曼第巧克力 第60頁

材料
（14公分×6公分的蛋糕模具20條）

●嫩煮蘋果
- 發酵奶油……55g
- 蘋果（紅玉）……1000g
- 細砂糖……180g
- 蘋果白蘭地……60g
- 肉桂粉……適量

●麵團
- 發酵奶油……595g
- 粉糖……900g
- 杏仁粉……640g
- 蛋（整顆）……900g
- 可可含量40%牛奶巧克力……450g
- 低筋麵粉……450g
- 可可粉……110g
- 發粉……9g
- 浸泡萊姆酒的葡萄乾……450g
- 蘋果白蘭地……40g
- 黑色包覆用巧克力……適量

製作方法

製作嫩煮蘋果

1 用平底鍋將奶油融化，將切成1.5公分方塊的蘋果稍微炒過。
2 將細砂糖一點一滴的加入，讓蘋果在炒的時候可以沾上細砂糖。
3 加上蘋果白蘭地並煮到酒精蒸發，加上肉桂粉來賦予香味。
4 倒到四角盆上，散熱到可以作業的溫度。將果肉與糖漿分開，使用其中80g的糖漿。

烘烤麵團

1 將蠟狀的奶油放到攪拌碗內，加上糖粉用電動打蛋器攪拌均勻。
2 將杏仁粉加入混合，把蛋（整顆）分成3～4次加入。
3 加上融化的巧克力來進行乳化，加上低筋麵粉、可可粉、發粉來混合均勻。
4 將葡萄乾、蘋果白蘭地、蘋果果肉、糖漿加入混合。
5 將240g的麵糊倒到鋪上烘培專用紙的模具內，放到烤箱用170℃的溫度烤40分鐘。
6 從模具中卸下，將融化的包覆用巧克力塗在各個表面，用巧克力等進行裝飾。

Calvados（蘋果白蘭地）是用蘋果製成的蒸餾酒。除了混入麵團還用在嫩煮蘋果上，讓蘋果的風味更加強烈。

胡桃咖啡蛋糕 第62頁

材料（14公分×6公分的蛋糕模具20條）

●麵團
- 發酵奶油……740g
- 糖粉……620g
- 胡桃粉……440g
- 杏仁粉……300g
- 蛋（整顆）……190g
- 蛋黃……210g

- 蛋白霜
  - 蛋白……420g
  - 細砂糖……210g
- 低筋麵粉……465g
- 胡桃……315g
- 咖啡溶液（33頁）……105g
- 科涅克白蘭地……90g

杏子果醬、杏仁、榛果、胡桃、開心果、糖粉……適量

※胡桃、杏仁、榛果、開心果全都烘培到金黃色，麵團用的胡桃則在使用前切碎。

製作方法

1 將蠟狀的奶油放到攪拌碗內，加上糖粉用電動攪拌器混合均勻。
2 將胡桃粉跟杏仁粉加入混合，把蛋（整顆）與蛋黃分成3～4次加入。
3 把蛋白跟細砂糖打到發泡，確實製作成蛋白霜，倒入3分之1。
4 加上低筋麵粉來進行混合，與剩下的蛋白霜混合，攪拌時不要將蛋白霜的氣泡壓破
5 將胡桃、咖啡溶液、科涅克白蘭地加入混合。
6 將250g的麵糊倒到鋪上烘培專用紙的模具內，放到烤箱用170℃的溫度烤40分鐘。
7 從模具中卸下，將杏子果醬塗到整個表面上，用烘培過的杏仁、榛果、開心果進行裝飾，兩旁貼上切碎的胡桃並篩上糖粉。

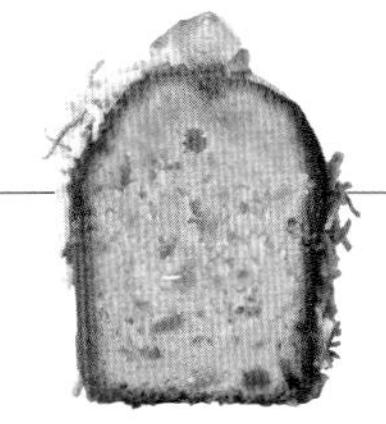

椰子鳳梨蛋糕 第63頁

材料

（14公分×6公分的蛋糕模具20條）

●麵團

- 發酵奶油……850g
- 糖粉……720g
- 60%杏仁麵糊……210g
- 蜂蜜……120g
- 蛋（整顆）……800g
- 蛋黃……220g
- 杏仁粉……350g
- 低筋麵粉……610g
- 發粉……6g
- 椰子力嬌酒……120g
- 椰子粉……170g
- 糖漬鳳梨片（5公釐方塊）……1400g
- 杏子果醬、糖漬鳳梨片（5公釐方塊）、椰子……適量

＊使用前分別將椰子粉烘培到淺金黃色，椰子絲烘培到金黃色。

製作方法

1 將回復到常溫的奶油放到攪拌碗內，加上杏仁糊，用電動打蛋器攪拌均勻，以避免留下塊狀物。

2 加上蜂蜜進行混合，把蛋（整顆）跟蛋黃分成3～4次加入。

3 加上杏仁粉進行混合，加上低筋麵粉與發粉之後再次進行混合。

4 將力嬌酒加入，跟椰子粉與糖漬鳳梨片混合。

5 將250g的麵糊倒到鋪上烘培專用紙的模具內，放到烤箱用170℃的溫度烤40分鐘。

6 從模具中卸下，將杏子果醬塗到整個表面上，用糖漬鳳梨片進行裝飾並貼上椰子絲。

德國製造的高級杏仁糊，也被稱為杏仁糖泥。用傳統方式製作，香味非常的濃厚。

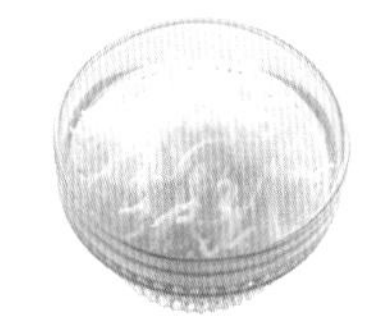

切成1～2公分絲狀的椰子絲，可以享受椰子的口感。

水果蛋糕 第64頁

材料

（14公分×6公分的蛋糕模具20條）

●醃泡過的乾燥水果

- 綜合乾燥水果（日本國產）……950g
- 綜合乾燥水果（義大利產）……468g
- 浸泡萊姆酒的葡萄乾……120g
- 糖漬櫻桃……240g
- 深色萊姆酒……145g

●麵團

- 發酵奶油……660g
- 紅糖……430g
- 杏仁粉……610g
- 蛋（整顆）……175g
- 蛋黃……192g
- 蛋白霜
  - 蛋白……384g
  - 細砂糖……192g
- 低筋麵粉……700g
- 肉桂粉……10g
- 杏子果醬、糖漬水果、八角……適量

製作方法

1 將水果浸泡到萊姆酒內1個月到半年。

2 將蠟狀的奶油放到攪拌碗內，加上紅糖用電動攪拌器混合均勻。

3 加上杏仁粉，把蛋（整顆）跟蛋黃分成3～4次加入。

4 把蛋白跟細砂糖打到發泡，確實製作成蛋白霜後倒入3分之1。

5 加上低筋麵粉跟肉桂粉來進行混合，與剩下的蛋白霜混合，攪拌時不要將蛋白霜的氣泡壓破。

6 把**1**加入混合。

7 將250g的麵糊倒到鋪上烘培專用紙的模具內，放到烤箱用170℃的溫度烤40分鐘。

8 從模具中卸下，將杏子果醬塗到整個表面上，用糖漬水果跟八角進行裝飾。

綜合水果使用糖度較高且濃稠的日本國產品，跟口感與酸味都很高品質的義大利製品，組合兩者來創造出濃厚的味道。

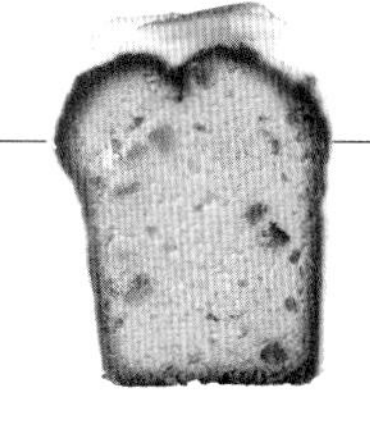

柑橘蛋糕 第65頁

材料

（14公分×6公分的蛋糕模具20條）

●糖漬物

- 糖漬橘片（5公分方塊）……600g
- 糖漬檸檬片（5公分方塊）……520g
- 橘子庫拉索甜酒……100g

●麵團

- 細砂糖……705g
- 橘子皮（磨碎）……2顆
- 檸檬皮（磨碎）……1顆
- 發酵奶油……840g
- 杏仁粉……840g
- 蛋（整顆）……216g
- 蛋黃……240g
- 蛋白霜
  - 蛋白……480g
  - 細砂糖……240g
- 低筋麵粉……530g

●檸檬糖衣

- 糖粉……600g
- 檸檬汁……75g
- 礦泉水……27g
- 杏子果醬、糖漬橘片、糖漬檸檬片……適量

製作方法

1 將橘子跟檸檬的糖漬物浸泡到庫拉索甜酒內1個月到半年。

2 將細砂糖、橘子皮、檸檬皮混合在一起、翻動底部攪拌出香味。

3 將蠟狀的奶油放到攪拌碗內，把**2**加入用電動攪拌器混合均勻。

4 加上杏仁粉，把蛋（整顆）跟蛋黃分成3～4次加入。

5 把蛋白跟細砂糖打到發泡，確實製作成蛋白霜後倒入3分之1。

6 加上低筋麵粉來進行混合，與剩下的蛋白霜混合，攪拌時不要將蛋白霜的氣泡壓破。

7 加上**1**來進行混合。

8 將250g的麵糊倒到鋪上烘培專用紙的模具內，放到烤箱用170℃的溫度烤40分鐘。

9 從模具中卸下，將杏子果醬塗到整個表面上，乾燥到不會黏手為止。

10 將檸檬糖衣的所有材料加在一起混合，加熱到40℃後從蛋糕上方淋下。

11 將橘了跟糖漬檸檬片切成三角形來進行裝飾。

橘子跟檸檬的糖漬物不要直接使用，浸泡到庫拉索甜酒之中可以讓風味更加豐富。

以不降低糖度為前提，來去除甜膩的感覺

感覺將決定味道
果醬

Confiture

製作果醬，可以讓人享受到仿佛是料理人一般的樂趣。為了引出水果這項素材本身所擁有的美味，費盡心思加上洋酒或香料，有時甚至與其他水果進行組合，一邊品嚐一邊改變食譜的內容。每次製作的份量為1公斤左右。同樣的水果也會因為季節而變化，必須是味覺相當敏銳的人才能勝任。我個人雖然無法忍受太過甜膩的果醬，但減少糖的份量卻有可能危害到果醬的完成度，因此一定會遵守糖應該放的份量，在其他方面下功夫來維持清爽的口感。

草莓
草莓
＋
白酒
＋
檸檬汁

鳳梨
鳳梨
＋
五香粉
＋
香草
＋
櫻桃酒

材料

●鳳梨

鳳梨1公斤／細砂糖400g／果膠整體2%的份量／細砂糖100g／五香粉2g／香草糊1.5g／櫻桃酒60g

●草莓

草莓1公斤／細砂糖500g／白酒200g／檸檬汁40g

●奇異果

奇異果1公斤／細砂糖400g／果膠整體2%的份量／細砂糖100g／柳橙汁145g

●柑橘

葡萄柚、橘子等柑橘類的果肉加在一起1公斤／細砂糖400g／果膠整體2%的份量／細砂糖100g／橘子花蜂蜜整體10%的份量／麵包用香料整體0.15%的份量／橘子皮（切絲）2～3顆

●紅色水果

草莓500g／覆盆子300g／黑加侖或藍莓200g／細砂糖500g／紅寶波特酒200g／檸檬汁30g

五香粉是中國代表性的綜合香料。

製作方法

●鳳梨

1 將鳳凰切成1公分的方塊，均勻的篩上400g的細砂糖，放到冰箱冷藏一個晚上。

2 將果膠與100g細砂糖混合，翻動底部攪拌。

3 將所有材料放到鍋子內，用大火加熱。持續攪拌來避免燒焦，煮到糖度達到61brix為止。

●草莓

1 將細砂糖均勻的篩到草莓上，放到冰箱冷藏一個晚上。

2 將所有材料放到鍋子內，用大火加熱。持續攪拌來避免燒焦，煮到糖度達到61brix為止。

●奇異果

1 跟鳳梨果醬一樣，煮到糖度達到60brix為止。

●柑橘

1 將柑橘類的果肉切成梳子狀（一瓣一瓣），跟鳳梨一樣煮到糖度達到65brix為止。

●紅色水果

1 跟草莓果醬一樣煮到糖度達到60brix為止。

紅色水果
紅色果實
＋
波特酒
＋
檸檬汁

柑橘
柑橘類
＋
橘子花蜂蜜
＋
麵包用香料
＋
橘子皮

奇異果
奇異果
＋
柳橙汁

如何正確的乳化來留住水分
基本作業的技巧將受到考驗

烘培式甜點

烘培式甜點就跟蛋糕一樣，非常注重濕潤感。由於材料比蛋糕更為單純，讓「賦予濕潤感」的作業也就變得更加重要、更為細膩。關鍵在於如何讓麵糊的水分跟油脂正確乳化，盡可能的讓水分留在麵糊內。沒有正確乳化的麵糊在烘培時水分會不斷流失，成為又乾又硬的狀態。

烘培式甜點的原則，在於維持食譜的基本結構不變，並將粉類、雞蛋、奶油、砂糖等材料的特性發揮到極致。另外加上額外的芳香，希望能藉此表現出屬於自己的個性。

柔軟質感的高含水量甜點

半生菓

瑪德蓮蛋糕，是可以直接享受到雞蛋美味的半生（高含水量甜點）。在此將蛋從整顆改成蛋黃，來得到更為豪華的口感。將奶油稍微烤焦之後再來加入，可以更加突顯雞蛋的風味，讓奶油本身的存在感也更為明顯。在原味、楓糖（D'ERABLE）雙方的麵糊之中都加入蜂蜜，擠到模具放置一個晚上之後再來烘烤。這樣可以讓麵糊穩定的膨脹，濕潤感也完全不同。

原味

楓糖

瑪德蓮蛋糕

Madeleine

◆製作方法參閱82頁

將以杏仁為主來製作出濕潤又厚實的麵糊，烘培成酒瓶木塞的形狀。趁熱浸泡到Mandarine Napoleon的糖漿內，並在麵糊加入橘子皮來提高清涼感。最後塗上杏子果醬用酸味跟力嬌酒剩餘的芳香來讓後味清爽，讓人不會感到太過厚重與甜膩。是擁有極致濕潤感的半生甜點。

格雷伯爵茶

橘子瓶塞蛋糕

Bouchon orange

◆製作方法參閱82頁

費南雪蛋糕

financier

費南雪是可以享受到杏仁與奶油芳香的甜點，而我個人認為，只有燒焦的奶油才有辦法表現奶油的芳香。一般只會煮到淺褐色，在此一路煮到焦黑，讓奶油風味更加香濃。杏仁粉使用風味較為強烈的Marcona品種。以此製造出來的費南雪，會在放入口中的一開始感到奶油芳香，接著擴散出杏仁的美味，融合出無比的濃郁。巧克力與格雷伯爵的場合則跟一般相同，奶油只煮到淺褐色，以避免各種口味被覆蓋掉。剛烤好時四個角尖銳的突出，外側酥脆內部濕潤。稍微放置之後，則可以讓整體轉換成濕潤的口感。

◆製作方法參閱82頁

將杏仁鮮奶油當作餡料所烘培而成的杏仁塔（Amandine）。據說是在17世紀所完成的法式甜點，精簡的味道之中可以讓人感受到歷史長久的薰陶。個人在此加上用波特酒醃泡過的無花果。顆粒的口感跟疊在上方的杏仁片帶來更多的嚼勁，更進一步突顯出杏仁鮮奶油柔滑的感觸。

無花果杏仁塔

Amandine figue

◆製作方法參閱82頁

香蕉小塔

Bananier

Bananier指的是香蕉樹，在杏仁鮮奶油的中央夾住生的香蕉來進行烘培，是口感非常濕潤的一道小塔。趁剛烤完的時候塗上一層深色萊姆酒，留下香味的同時讓酒精被熱蒸發，增添另一層風味。最後在表面擠上蛋白霜，篩上糖粉稍微烘培，成為四周酥脆內側輕飄的口感。各種味道在口中混合，最後散發出萊姆酒的芳香。

◆製作方法參閱83頁

◆製作方法參閱83頁

更薄、更為纖細

維也納甜點

對於沒有正式學過麵包製作的我來說，維也納甜點完全是自己獨自學習，在一次又一次的失敗之中所磨練出來的技術。使用酵母的甜點跟有如活的一般，是受到濕度與溫度所影響的生命，高難度的同時卻也非常有趣。牛角麵包的麵糊一般都是三摺3次，不斷嘗試之後，找出三摺2次加上二摺1次的自我風格。層次不夠多的話反而會讓麵糊無法穩定，難度雖然不低，但卻有可以有效形成酥脆的外皮與鬆軟濕潤的內側。成功烘烤出嚼勁良好、薄又纖細的表層。另一個重點是在麵糊中加上脫脂奶粉，突顯出溫和的甜味。回憶起兒時最喜歡的零食，將巧克力麵包製作成螺旋麵包的造型。

◆製作方法參閱83頁

酥脆又溫和的口感

餅乾

Vergeoise是用甜菜所製作的含蜜糖，活用這種糖類的特性來製作成鑽石餅乾。這種砂糖的特徵是含有濕氣，因此不會成為又硬又脆的餅乾，擁有較為濕潤的口感。鑽石餅乾的麵糊一般會搓成棒狀來進行切割，但這種過度的搓揉作業容易讓餅乾變得太硬。在此改成用膠膜將剛做好含有氣泡的麵糊夾住，成型後冷凍，之後再從模具卸下的方式。這樣可以在不傷到麵糊的狀態下烘烤出鬆軟的口感，讓人享受精簡的風味與纖細的口感。

甜菜糖鑽石餅乾

Diamant vergeoise

◆製作方法參閱84頁

焦糖杏仁餅，是將裹住焦糖糖衣的杏仁片疊在甜酥皮麵糊上所烘培而成的甜點。名稱的Floretin代表佛羅倫斯風格，據說是在梅第奇家族的凱瑟琳嫁給法國國王時，一起流傳到法國。傳統性的焦糖杏仁餅又厚又硬，食用起來並不容易，因此按照我個人的風格改成較薄的類型，並用糖漬橘片稀釋糖漿，用酸味與芳香來形成清爽的味道。

◆製作方法參閱84頁

用色彩繽紛的砂糖將外表包覆起來的可愛球形餅乾。麵糊的材料由粉類跟奶油、糖粉、切碎的胡桃所構成。麵糊之中沒有接點存在，可以創造出鬆脆的口感。前提是在最後篩上糖粉，因此麵糊本身的甜度並不高。最能讓人感受到胡桃芳香的原味、和風的抹茶口味、帶有些許酸味的覆盆子口味等等，構造簡單卻擁有非常豐富的變化。
覆盆子
抹茶
原味
雪球餅乾
Boule de neige

◆製作方法參閱84頁

鮮奶油的水分對麵糊的糖分形成作用

馬卡龍

我所製作的馬卡龍是以法式蛋白霜為基礎。麵糊的配方雖然相當基本，餡料卻是各自追求不同的特色。不光是鮮奶油，在水果口味之中加上果醬，巧克力口味加上可可粒來強調素材所呈現的感覺。夾好餡料之後擱置幾天，也是重要的過程之一。鮮奶油的水分會與麵糊中的砂糖形成作用來結晶化，產生酥脆的口感，成為最佳的賞味期。

◆製作方法參閱85頁

瑪德蓮蛋糕　第71頁

材料（份量各50個）

●原味口味的瑪德蓮蛋糕

- 發酵奶油……235g
- 蛋（整顆）……300g
- 蛋黃……50g
- 細砂糖……235g
- 蜂蜜……95g
- 低筋麵粉……235g
- 發粉……1g

●楓糖瑪德蓮蛋糕

- 發酵奶油……235g
- 蛋（整顆）……300g
- 蛋黃……50g
- 楓糖……156g
- 細砂糖……78g
- 蜂蜜……95g
- 低筋麵粉……235g
- 發粉……1g

製作方法

1　將奶油煮到淡淡的金黃色，散熱到45℃。

2　將蛋（整顆）跟蛋黃與細砂糖混合在一起，翻動底部攪拌之後加上蜂蜜混合。楓糖口味的場合，將楓糖與細砂糖一起加入。

3　將低筋麵粉與發粉混合，加上奶油攪拌均勻。

4　將瑪德蓮蛋糕的模具填滿，放到冰箱冷藏一個晚上。

5　放到烤箱用210℃的溫度烤10～12分鐘。

楓糖是用糖楓的樹液所製成的砂糖，濃縮有糖楓那獨特的芳香。

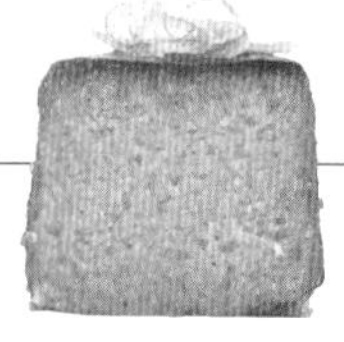

橘子瓶塞蛋糕　第72頁

材料（直徑5公分×高6公分的瓶塞蛋糕模具40個）

●麵糊

- 杏仁粉……600g
- 糖粉……600g
- 蛋（整顆）……960g
- 發酵奶油……400g
- 香草糊……適量
- 橘子皮（磨碎）……3顆

無鹽奶油、椰子粉……適量

●橘子糖漿

- 礦泉水……720g
- 橘子皮（磨碎）……1.5顆
- 細砂糖……320g
- Mandarine Napoleon柑橘香甜酒……280g

杏子果醬……適量

●橘子絲

橘子皮（切絲）、30波美度的糖漿（16頁）……適量

製作方法

烘烤麵糊

1　將糖粉跟杏仁粉放到碗內，把蛋（整顆）加入之後翻動底部混合。

2　加上融化的發酵奶油，攪拌均勻之後將香草糊、橘子皮混入。

3　將無鹽奶油塗在模具內，灑上椰子粉來貼在奶油上。

4　將麵糊倒入模具直達8分滿，放到烤箱用170℃的溫度烤25分鐘，從模具中卸下，散熱到可以作業的溫度。

5　製作橘子糖漿。將酒以外的材料加在一起煮沸，散熱到可以作業的溫度後將酒倒入。

6　把5加熱到40℃，把4放進去充分的浸泡之後，移到網子上將多餘的糖漿濾掉。

7　將杏子果醬塗在整個表面上。

製作橘子絲

1　將橘子皮燙過之後瀝乾。

2　把1加到糖漿煮沸，浸泡24小時。

3　裝飾到瓶塞蛋糕上做最後的修飾。

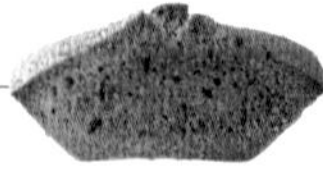

費南雪蛋糕　第73頁

材料（份量各60個）

●原味口味的費南雪蛋糕

- 發酵奶油……610g
- 蛋白……710g
- 杏仁粉……285g
- 糖粉……570g
- 低筋麵粉……285g
- 發粉……4g

●巧克力費南雪蛋糕

- 發酵奶油……610g
- 蛋白……710g
- 杏仁粉……285g
- 糖粉……570g
- 低筋麵粉……215g
- 發粉……4g
- 可可粉……70g

●格雷伯爵風味的費南雪蛋糕

- 發酵奶油……610g
- 蛋白……710g
- 杏仁粉……285g
- 糖粉……570g
- 低筋麵粉……285g
- 發粉……4g
- 格雷伯爵茶粉末……21g

製作方法

1　給原味的麵糊使用時，將奶油煮到較深的金黃色來確實烤焦，散熱到45℃。巧克力跟格雷伯爵口味所使用的奶油，則煮到恰到好處的金黃色。

2　將蛋白、杏仁粉、糖粉混合，翻動底部攪拌均勻。

3　將低筋麵粉與發粉加在一起混合。可可粉、格雷伯爵茶粉末跟低筋麵粉一起篩上。

4　把1加入，混合均勻之後倒到模具內。放到烤箱用200℃的溫度烤10～15分鐘。

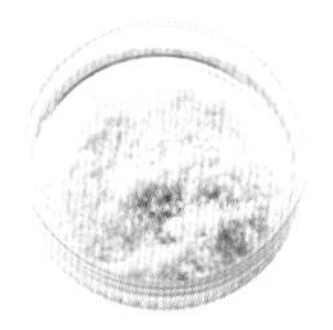

西班牙產Marcona品種的杏仁粉。具有味道濃厚與油脂成分較多等特徵。

無花果杏仁塔　第74頁

材料（7公分×4公分的橢圓型模具）

●醃泡無花果

半乾燥黑無花果、紅寶波特酒……適量

●酒糖液

- 30波美度的糖漿（16頁）……70g
- 礦泉水……30g
- 深色萊姆酒……10g

杏仁片、甜酥皮麵糊（84頁）、杏仁鮮奶油（48頁）、杏子果醬、糖粉……適量

＊一切基本材料適量使用，因此沒有記載完成數量。

製作方法

製作醃泡無花果

1　將無花果切成8分之1的大小，跟波特酒一起進行真空處理，浸泡一個晚上。

烘烤與修飾

1　將製作酒糖液的材料全部混合。

2　將杏仁片烘烤到薄薄的金黃色。

3　將甜酥皮麵糊擀到2.5公釐的厚度之後鋪到模具內。

4　將杏仁鮮奶油擠到9分滿，中央放上一塊無花果的切片，放到烤箱用170℃的溫度烤20分鐘。

5　從模具中卸下，趁熱用毛刷塗上酒糖液，接著塗上杏子果醬。篩上糖粉進行最後的修飾。

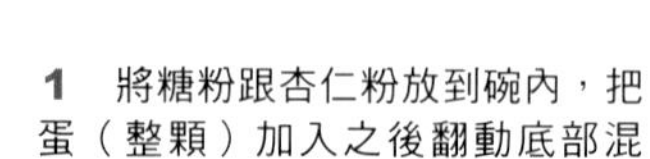

香蕉小塔　第75頁

材料（直徑7公分的小塔型模具）
甜酥皮麵糊（84頁）、杏仁鮮奶油（48頁）、香蕉、深色萊姆酒……適量
●義式蛋白霜
蛋白……120g
細砂糖……240g
礦泉水……80g
糖粉……適量
＊一切基本材料適量使用，因此沒有記載完成數量。

製作方法
烘烤塔
1　將甜酥皮麵糊擀到2公釐的厚度之後鋪到模具內。
2　將杏仁鮮奶油擠到模具一半的高度，排上3片切成5公釐厚的香蕉。
3　再次擠上杏仁鮮奶油將模具填滿，放到烤箱用170℃的溫度烤15～20分鐘。
4　從模具中卸下，趁熱用毛刷塗上萊姆酒。
擠上義式蛋白霜與烘烤
1　參閱下方來製作義式蛋白霜，用圓型花嘴在塔上擠成螺旋狀，結束之後從上方再擠上一圈螺旋。
2　用濾網篩上糖粉，放到烤箱用180℃的溫度烤7～8分鐘，烤到出現薄薄的顏色為止。

牛角麵包、巧克力麵包　第76頁

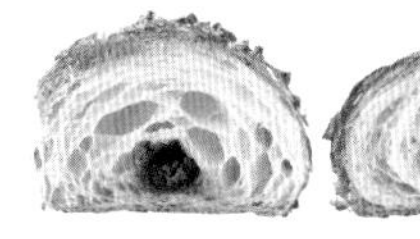

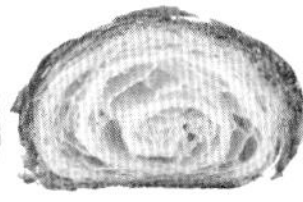

材料（份量約20個）
●麵糊（2種通用、完成份量2.2公斤）
低筋麵粉……800g
高筋麵粉……200g
細砂糖……80g
鹽……20g
脱脂奶粉……30g
發酵奶油……60g
半乾燥酵母……24g
礦泉水（冷水）……500g
發酵奶油（摺入麵糊用）……500g
巧克力棒、蛋黃（蛋漿）、杏仁、糖粉……適量

製作方法
1　將麵糊的所有材料都放到攪拌碗內。將切細的奶油加入，用攪拌鉤確實攪拌均勻，完成後理想的搓揉溫度為24℃以下，不可過份的搓揉。
2　蓋上保鮮膜，在常溫下發酵40～45分鐘。
3　用擀麵棍將摺入麵糊用的奶油打軟，整理成20公分的方塊。
4　將麵糊擀成7公釐厚的正方形，蓋上保鮮膜，放到冷凍使其緊縮。
5　用**4**將**3**包住，三摺2次，二摺1次之後再次放到冷凍使其緊縮。
6　將**5**擀到3公釐的厚度，切成底8公分、長24公分的直角三角形。
7　牛角麵包從底邊往前捲起。巧克力麵包的場合放上巧克力棒，捲成螺旋麵包的形狀。捲的時候可以讓巧克力棒在邊緣稍微露出。
8　排到烤盤上，進行最後的發酵膨脹到1.8倍左右。用毛刷將蛋黃塗上，巧克力蛋糕則是貼上切碎的杏仁。
9　放到烤箱用220℃的溫度烤10～20分鐘。巧克力麵包最後篩上糖粉。

巧克力棒是用烘培專用的純苦巧克力。即使送去烘烤也不會過度溶化。

半乾燥酵母，水分含量在生與乾燥的中間，具有跟生酵母同樣的發酵能力，保存期限則跟乾燥酵母相同，非常的創新。

義式蛋白霜

材料
細砂糖、礦泉水、蛋白　適量
※份量參閱各甜點的材料表

製作方法
1　將細砂糖跟礦泉水煮沸到118℃。
2　將蛋白放到攪拌碗內，用打蛋器打到發泡。
3　把**1**一點一滴的加入，更進一步確實攪拌到發泡，製作成光澤美麗的蛋白霜。

杏仁蛋白霜

材料
義式蛋白霜（細砂糖400g、礦泉水120g、蛋白200g）／糖粉50g／杏仁粉50g

製作方法
1　製作義式蛋白霜。
2　加上糖粉跟杏仁粉，用塑膠鏟確實混合。
3　在鋪上烘培專用紙的烤盤擠上各自所須的形狀，放到烤箱用130℃的溫度烤2～3小時，中央成為焦糖色為止。

椰子蛋白霜

材料
義式蛋白霜（細砂糖280g、礦泉水80g、蛋白180g）／糖粉100g／椰子粉80g

製作方法
1　製作義式蛋白霜。
2　加上混合在一起的糖粉跟椰子粉，用塑膠鏟確實攪拌混合。
3　在鋪上烘培專用紙的烤盤擠上各自所須的形狀，放到烤箱用80℃的溫度進行乾燥，小心不要產生顏色。

甜菜糖鑽石餅乾 第78頁 

材料（約3.2公斤的份量）

●麵糊

- 發酵奶油……1026g
- 鹽……10g
- 甜菜糖（Vergeoise）……320g
- 糖粉……320g
- 蛋黃……135g
- 低筋麵粉……820g
- 杏仁粉……600g

細砂糖（顆粒較粗的類型）……適量

製作方法

1 將蠟狀的奶油、鹽、甜菜糖、糖粉加在一起，翻動底部攪拌混合。

2 將蛋黃分成2～3次加入，加上低筋麵粉跟杏仁粉，攪拌均勻到粉的感覺消失為止。

3 馬上用OPP膜夾在一起擀到8公釐的厚度，放到冰箱冷凍。

4 用直徑3公分的環形模具分割，在表面篩上細砂糖。

5 排在鋪上烘培墊的烤盤上，放到烤箱用170℃的溫度烤15～20分鐘。

Vergeoise是用甜菜所製造的含蜜糖，濕潤且具有獨特的風味。

焦糖杏仁餅 第79頁 

材料（45公分×32公分的烤盤1片）

甜酥皮麵糊（右項）……適量

●牛軋糖

- 杏仁片……140g
- 發酵奶油……115g
- 蜂蜜……75g
- 細砂糖……110g
- 42%生奶油……75g
- 糖漬橘片（5公釐方塊）……125g

製作方法

烘烤甜酥皮麵糊

1 準備好甜酥皮麵糊之後馬上拿來使用。用OPP膜夾住，擀到3公釐的厚度之後放到冰箱冷凍。

2 切割成45公分×32公分的長方形，放到鋪上烘培墊的烤盤上，移到烤箱用170℃的溫度烤到出現薄薄的顏色為止。

製作牛軋糖與修飾

1 將杏仁片稍微烘培，使其出現薄薄的顏色。

2 將奶油、蜂蜜、細砂糖、生奶油煮沸。

3 加上糖漬橘片，不斷進行攪拌，煮到103℃後將火關掉。

4 加上杏仁，整體混合均勻。

5 用鏟子將牛軋糖均勻的鋪到甜酥皮麵糊上，放到烤箱用160℃的溫度烤20～25分鐘。

6 稍微散熱之後，趁著微溫的時候切成5公分的方塊。

甜酥皮麵糊

材料（完成份量約1.8公斤）

發酵奶油450g／鹽2g／糖粉300g／蛋（整顆）150g／低筋麵粉750g／杏仁粉200g

製作方法

1 將鹽跟糖粉加到蠟狀的奶油上，翻動底部攪拌到泛白為止。

2 將蛋（整顆）分成3～4次加入混合，加上低筋麵粉與杏仁粉來迅速混合在一起。

3 按照各種甜點的食譜來進行烘烤。

 雪球餅乾 第80頁 

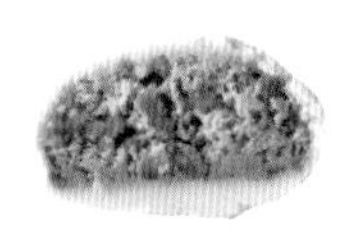

材料（份量約300個）

●麵糊（各種顏色通用）

- 胡桃……275g
- 發酵奶油……360g
- 糖粉……145g
- 低筋麵粉……460g
- 糖粉……適量

●綠糖

- 糖粉……350g
- 裝飾用糖……150g
- 抹茶……30g

●覆盆子糖

- 糖粉……350g
- 裝飾用糖……150g
- 冷凍乾覆盆子粉末……30g

製作方法

1 將胡桃烘培到金黃色之後切碎。

2 將糖粉加到蠟狀的奶油，翻動底部混合。

3 加上低筋麵粉來迅速混合，加上胡桃後再次進行攪拌，放到冰箱冷藏1個小時以上。

4 以4～5g的份量揉成球體，排在鋪上烘培墊的烤盤，放到烤箱用170℃的溫度烤15～20分鐘。

5 分別將綠糖、覆盆子糖的材料混合。

6 將**4**散熱到可以作業的溫度，趁著微溫的時候分別將糖粉以及**5**篩上後修飾。

巴黎馬卡龍 

第81頁

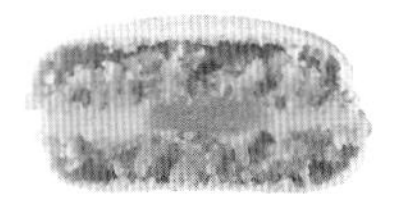
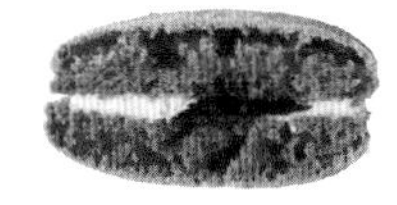
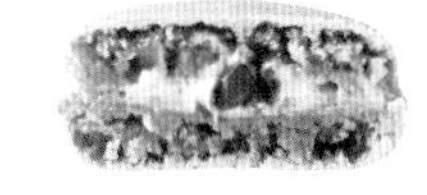
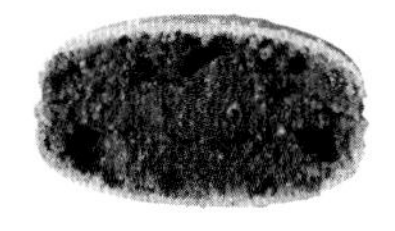
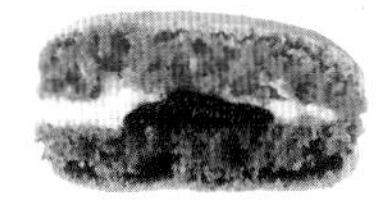

材料（份量各50個左右）

●檸檬馬卡龍

麵糊
- 蛋白……200g
- 細砂糖……200g
- 檸檬皮（磨碎）……1顆
- 杏仁粉……250g
- 糖粉……200g
- 食用色素（黃）……適量

檸檬白巧克力甘納許
- 白巧克力……150g
- 35%生奶油……120g
- 檸檬皮（磨碎）……1/2顆

檸檬鮮奶油
- 檸檬汁……50g
- 檸檬皮（磨碎）……1/4顆
- 蛋（整顆）……75g
- 細砂糖……75g
- 無鹽奶油……65g

●覆盆子馬卡龍

麵糊
- 蛋白……200g
- 細砂糖……200g
- 杏仁粉……250g
- 糖粉……200g
- 食用色素（紅）……適量

覆盆子果醬
- 覆盆子……125g
- 細砂糖……95g
- 檸檬汁……8g
- 櫻桃酒……3g

奶油霜（右下）……適量

●開心果馬卡龍

麵糊
- 蛋白……200g
- 細砂糖……200g
- 杏仁粉……250g
- 糖粉……200g

食用色素（綠、黃）……適量

開心果奶油霜
- 奶油霜（右下）……200g
- 開心果糊……20g

櫻桃酒……2g

開心果……適量

●巧克力馬卡龍

麵糊
- 蛋白……200g
- 細砂糖……200g
- 杏仁粉……225g
- 糖粉……200g
- 可可粉……25g

甘納許
- 可可含量66%的巧克力……150g
- 35%生奶油……150g
- 無鹽奶油……30g

可可粒……適量

●黑加侖、橘子馬卡龍

麵糊（橘子）
- 蛋白……100g
- 細砂糖……100g
- 橘子皮（磨碎）……1/3顆
- 杏仁粉……125g
- 糖粉……100g
- 食用色素（橘、黃）……適量

麵糊（黑加侖）
- 蛋白……100g
- 細砂糖……100g
- 杏仁粉……125g
- 糖粉……100g
- 食用色素（紫）……適量

橘子奶油霜
- 奶油霜（右下）……200g
- 橘子糊……60g
- 橘子皮（磨碎）……1/2顆

黑加侖果醬
- 細砂糖……60g
- 果膠……3.5g
- 黑加侖果泥……125g
- 麥芽糖……25g

製作方法

烘烤馬卡龍麵糊（各種共通）

1 把蛋白跟細砂糖打到發泡，確實製作成蛋白霜之後加上色素。檸檬馬卡龍的檸檬皮、黑加侖、橘子馬卡龍的橘子皮在此加入。巧克力馬卡龍則不加色素。

2 加上杏仁粉、糖粉，用塑膠鏟迅速攪拌。巧克力馬卡龍的可可粉在此加入。

3 攪拌到某種程度之後，將鏟子貼在碗內用壓破氣泡的方式攪拌，製作成壓拌混合麵糊。

4 用圓型花嘴在鋪上烘培墊的烤盤擠上直徑3公分。在常溫下放置2~3小時，讓表面乾燥。

5 放到烤箱用170℃的溫度烤7分鐘，將風門打開，用150℃再烤7分鐘。

製作檸檬馬卡龍

1 製作檸檬白巧克力甘納許。將融化的巧克力與沸騰的生奶油加在一起進行乳化。

2 將檸檬皮加入，混合之後進行過濾。

3 參閱18頁「現代巧克力蛋糕」來製作檸檬鮮奶油。

4 用圓型花嘴在馬卡龍麵糊擠上一圈的甘納許，並在中央擠上鮮奶油，完成後疊上另一片馬卡龍麵糊疊上。

製作覆盆子馬卡龍

1 製作覆盆子果醬。將所有材料放到鍋內煮到糖度達到60brix為止。

2 用圓型花嘴在馬卡龍麵糊擠上一圈的奶油霜，並在中央擠上果醬，完成後疊上另一片馬卡龍麵糊疊上。

製作開心果馬卡龍

1 製作開心果奶油霜，用塑膠鏟將所有材料混合均勻。

2 將開心果烘培到金黃色之後切碎。

3 用圓型花嘴在馬卡龍麵糊擠上一圈的鮮奶油，並在中央放上開心果，完成後再將另一片馬卡龍麵糊疊上。

製作巧克力馬卡龍

1 製作甘納許，將融化的巧克力與沸騰的生奶油加在一起進行乳化，散熱到50℃。

2 加上較為柔軟的蠟狀奶油，攪拌到柔滑為止。

3 用圓型花嘴在馬卡龍麵糊擠上一圈的甘納許，並在中央放上烘培過的可可粒，完成後疊上另一片馬卡龍麵糊。

製作黑加侖、橘子馬卡龍

1 製作橘子奶油霜，將所有材料混合在一起。

2 製作黑加侖果醬。將細砂糖與果膠加在一起，翻動底部混合均勻，將所有材料放到鍋內煮到糖度60brix為止。

3 用圓型花嘴在馬卡龍麵糊擠上一圈的鮮奶油，並在中央擠上果醬，完成後疊上另一片不同顏色的馬卡龍麵糊。

＊ 每一種在夾好餡料之後，一律在陰暗涼爽的地方放置3~4天。

奶油霜

材料（完成份量約1.5公斤）

無鹽奶油870g／義式蛋白霜（細砂糖420g、礦泉水125g、蛋白240g）／脫脂濃縮牛奶35g

製作方法

1 將蠟狀的奶油放到攪拌碗內，用電動打蛋器攪拌發泡。

2 參閱83頁來製作義式蛋白霜，加到**1**來進行乳化。

3 加上脫脂濃縮牛奶，攪拌到柔滑為止。

日本「牛奶巧克力文化」的投影

不甜膩的巧克力

chocolat

日本人最喜愛牛奶巧克力。各種巧克力之中牛奶口味最早在日本普及，因此「牛奶巧克力的文化」在日本民間可說是根深柢固，而我本人也是其信奉者之一。就算在作品之中用到苦巧克力，也會遵循牛奶巧克力那讓人熟悉的味道，特別注重「可以輕鬆享用」的口感，以現代輕食為目標。

火箭巧克力
fusée

咖啡與胡桃口味的巧克力夾心軟糖。Fuse是法文火箭的意思，由於外觀相似而得到了這個名稱。內部是柔滑的焦糖與咖啡甘納許的雙層構造。用杏仁酒來賦予焦糖香味，加上清脆的胡桃來為口感增添一些色彩。

◆製作方法參閱101頁

Jewel chocolat

用生巧克力與水果糊、果醬組合成小塔樣式的情人節巧克力。創意的來源是希望可以讓女性同時享受複數款喜愛的甜點。水果糊與果醬使用同一種水果，加上配合性較好的甘納許，紅色是紅加侖與開心果、淡綠色是青蘋果與格雷伯爵紅茶、橘色是柳橙加上椰子。

◆製作方法參閱102頁

叢林巧克力

Jungle

用充滿熱帶清涼感的焦糖，與帶有淡淡苦味的焦糖甘納許形成雙重構造。熱帶水果以百香果跟芒果為主，另外加上椰子當作隱味，讓酸味得到緩和。焦糖甘納許則是用椰子力嬌酒來補足風味，釀造出恰到好處的狂野。

◆製作方法參閱102頁

用苦巧克力將夏威夷豆包覆起來，利用夏威夷豆溫和不刺激的特色，來創造出拿起一顆就忍不住再拿下一顆的「零食巧克力球」。重點是讓夏威夷豆從表皮烘培到核心，並淋上焦糖來突顯口感跟芳香。重複4～5次來確實篩上巧克力粉，讓人能夠享受可可的風味。

夏威夷豆巧克力

Choco-maca

◈製作方法參閱103頁

從所有限制之中解放
讓人享受美味的最佳方法

擺盤甜點

法式甜點原本是在套餐最後所享用的料理。對於這樣思考的我來說，能夠將剛做好的作品現場提供給人的擺盤甜點，是最適合用來表現自然美味的「法式甜點的極致型態」。

一般販賣的甜點以必須可以帶著走為前提，因此有各種限制存在。為了避免外觀走樣，凝固劑是不可缺少的先決條件，為了防止濕氣或乾燥，無法添加額外的材料。對於想要將美味擺在一優先地位的甜點師傅來說，不外乎是一種妥協。而擺盤甜點的優勢，正是能夠擺脫這一切的束縛。

也就是說，擺盤甜點是讓人享用美味的最為理想的方式。不論是剛烤好的熱騰騰的點心，還是馬上就會融化的冰淇淋，又或者冷熱併存等等，不同的溫度濃縮在一起，可說是擺盤甜點才擁有的特權。

用音樂來比喻的話，一般外帶的甜點可說是錄音起來的CD，而心中所想的一切都能自由自在的表現出來，以最為理想的條件所呈現的擺盤甜點，則是現場演奏。也因此更讓人想要去追求，只有擺盤甜點才有辦法達到的境界。

建議大家在製作擺盤甜點的時候不妨轉換一下思考方式，以全新的思維來追求表現手法。相信這種心情上的變化，在回過頭來製作一般甜點的時候，也一定能成為一股助力。

以「昇華（Sublimation）」為名，創作出來奉獻給情人節夜晚的擺盤甜點。從最下方開始為巧克力芭菲、椰子冰沙、香堤、奶凍與焦糖果凍、杏仁蛋白霜等豪華陣容。另外在旁邊添上一球冰淇淋，從上方倒下焦糖醬汁，讓人可以享受到冷熱的溫差對比。由於使用大量的焦糖，所以奶凍、果凍、香堤、冰淇淋都使用較為溫和的和三盆糖，形成柔和的甜美。

甜美之中帶有些許苦澀的醬汁，在客人面前當場淋上。

昇華
—溫熱的焦糖醬汁—
Sublimation

◆製作方法參閱99頁

位於不冷不熱的中間溫度，讓人享受Tiede（微溫）口感的一道擺盤甜點。將濃郁的外交官式鮮奶油、烘烤成濕潤狀態的杏仁鮮奶油、西洋梨糖煮水果疊在一起。添加在一旁的是用波特酒製成的糖煮黑色無花果。混在杏仁鮮奶油之中的香料與波特酒的香純，可以更進一步提高水果的風味。西洋梨使用完全成熟的新鮮水果，無花果則是半乾燥。

西洋梨的糖煮水果
配上波特酒風味的半乾燥無花果

Compote de poire et figue demi sèche de la saveur porto

◆製作方法參閱99頁

將橘子與檸檬的冷凍慕斯、四季橘雪寶、檸檬芳香的沙巴雍醬汁、新鮮橘子、酥脆的檸檬糖全部集合到這一盤之中，跟甜酒一起享用可以讓風味更加濃厚。四季橘是東南亞地區所種植的柑橘類，感覺像是柚子跟酢橘合在一起，特徵是香味較強、擁有淡淡的苦味。雪寶必須在凝固之前跟蛋白霜混合，以得到輕飄的口感。參加世界糕點大賽時所設計出來的擺盤甜點，更進一步突顯出清涼的感覺。

滿滿一盤的柑橘類 與餐後的甜酒一起享用

Dessert qui est plein d'agrumes avec vin sucré

◆製作方法參閱100頁

噴上跟格雷伯爵紅茶非常搭的橘子白蘭地，透過蛋糕的熱度讓酒精揮發，只將香味留下。

作品的主題在於如何讓人享用濃厚的巧克力蛋糕時，完全不會有甜膩的感覺。趁著剛烤好熱騰騰的時候，在客人眼前噴上 Mandarine Napoleon，不但享受蒸發出來的芳香，也增添犀利感。在一旁的香堤是巧克力蛋糕的最佳組合，以及轉換口感用的冰砂。跟香堤一起享用可以稀釋巧克力濃稠的感覺，同時用葡萄柚的酸跟苦來維持口中的清爽。蛋糕使用個性溫和的日本國產巧克力，內部餡料是帶有清涼感的格雷伯爵風味的甘納許，在刀子切入的同時有如岩漿一般的溢出。

格雷伯爵風味的巧克力蛋糕與葡萄柚冰砂

Gâteau chocolat au earl grey avec granite du pamplemousse

◆製作方法參閱100頁

用鳳梨雪寶與椰子跟檸檬的冷凍鮮奶油將香草冰淇淋層層包住，最適合在夏季享用的一道冷盤甜點。紅色的覆盆子果凍會用酸味與美艷的色彩來為作品增添幾分魅力。底部的達可瓦滋經過冷凍卻不會完全僵硬，保存黏稠的口感。芒果則是毫無保留的同時使用果肉與果汁，配上更換口感的酥脆椰子蛋白霜讓人怎麼吃都不會膩。

熱帶風味的冷盤甜點

Entremet glace tropique

◆製作方法參閱101頁

滋潤我成長的西洋甜點大賽

左）在WPTC日本決勝之中首次奪下冠軍的糖人藝術，符合日本風格的色彩受到高度評價。 中上）日本隊在世界糕點大賽決勝之中的作品，用巧克力所表現的舞獅。 中下）頒獎典禮之後與團隊成員的合照，從右邊開始為武藤修司先生、和泉光一先生、我。 右）在世界糕點大賽正式比賽中所完成的作品，融合巧克力與糖人藝術。

WPTC正式比賽中的作業狀況。挑戰前所未聞的2.2公尺高大型裝飾蛋糕。

與藝術甜點衝擊性的相遇

我在22歲踏入點心師的世界，到一家以水果酥餅為暢銷商品，極為普通的西點蛋糕店之中學習。周遭沒有任何可以一起參加比賽的同事，一直到3年後參觀東日本西式甜點作品展（現在的日本蛋糕秀）為止，甚至連比賽本身的存在都不知道。

這些到底是什麼，這真的是糕點師傅的工作嗎？

閃閃發亮的糖果、層層重疊各自擁有不同主題的巧克力藝術。從未想像過的全新世界擺在自己眼前，對我帶來晴天霹靂一般的衝擊。

深深為那壓倒性的存在感所迷戀，從參觀那天開始不論醒著還是睡夢之中，腦中都只想著參加比賽的事情。但很遺憾的周圍環境並不合適，只能一天又一天的看著展覽中所拍的照片。

覺得自己不可以再這樣下去，27歲那年終於下定決心，自己在家中挑戰杏仁糖泥的藝術作品，得到第3名。第一次挑戰就能得獎，對此感到非常高興的同時，卻也重新認識到自己跟第一名、第二名等一流點心師之間的落差。

造型、色彩、杏仁糖泥的光澤，不論在哪一方面，都遠遠超出自己的水平。

翌年再次挑戰雖然得到第二名，但實力上的落差卻沒有改變。自己所缺少的到底是什麼？在鬱悶之中不斷挑戰，與抱持同樣心情參加比賽的人交談機會越來越多，從他們口中得知了驚人的情報。

「點心師有世界大賽存在」

世界大賽的項目有糖人藝術、巧克力藝術、冰雕藝術、以及味道的審查。而且非常驚人的，與日本這種將作品帶到比賽現場的方式不同，一切得在現場製作，採用必須在指定時間內完成的競爭方式。這些情報讓我對比賽的憧憬更加強烈。

獨自學習、與糖人藝術苦戰

突然之間將目標放在世界大賽，為了學習世界等級的技術，將項目集中在糖人藝術上。只需要廉價的砂糖就能練習，對於入門者來說再合適不過。

馬上動身前往附近的量販店，購買了小型的大理石桌、細砂糖、食用色素，手上拿著「稻村省三先生」的糖人藝術教學書籍，自己展開練習。

開始嘗試之後卻發現完全沒有想像中的簡單。就連「拉糖」這個反覆拉扯糖漿來發出光澤的基本技術，都覺得好像有發光卻不知道到底正不正確，沒有可以請教的對象。

在焦慮之中坐立不安的苦惱著，為了追求足以製作糖人藝術的環境，最後決定到飯店中任職。在充分的環境之下進行作業，果然與自己家中截然不同，從下班到天亮都一頭埋沒在糖人之中。

在當時的世界大賽之中，有所謂的Mandarine Napoleon杯。內容是用Mandarine Napoleon這種力嬌酒來製作擺盤甜點，並用糖人藝術來進行裝飾。

聽到消息之後馬上展開行動，卻在書面審查中馬上被刷了下來。轉職到位於川越的冰川會館之後雖然持續挑戰，得到的結果卻總是令人失望。

後來再次挑戰日本蛋糕秀，是因為可以將作品直接帶到現場進行審查。跟只是寄來一張落選通知單的書面審查不同，日本蛋糕秀可以直接將自己的作品拿出來給人觀賞，向會場多方人士尋求意見。從色彩、接著方式、煮糖的方法到外觀造型，我都盡可能的纏著評審跟得獎者不放，尋求他們寶貴的意見。

為何跟其他人的作品相比，自己的接著面會比較骯髒呢？

「抱歉，請問您在接著時使用什麼材料？」

「用什麼材料，不就是糖嗎？」

這個問答對我造成很大的衝擊。現在講出來沒有人會相信，但當時的我是用樹脂黏膠來讓糖接著在一起。當時的自己就是如此的無知，連最基本中的基本都有所欠缺。

厚臉皮的到處尋問之後，才發現自己的糖人藝術有哪裡正確、哪裡錯誤，也終於能夠拓展出新的方向性。

第1名與第2名之間 無法超越的壁壘

在翌年的日本蛋糕秀之中，很榮幸的得到了大會會長獎（第2名）。自己獨自學習的糖人藝術終於得到了認同。

另外也通過了Mandarine Napoleon杯的書面審查，有機會參加夢寐以求的現場製作比賽。不光是外觀與味道，作業過程的表現也會算到分數之中，興奮的同時也很清楚自己將有一場硬仗要打。

將作品帶到現場的審查，可以使用事先準備好的各種零件，但現場製作的比賽則是一次分勝負。實力高低將一目瞭然。

比賽的結果為第2名，但是跟第1名相比卻是天差地遠。能夠晉升世界等大賽的名額只有一個人，第2名以下全都是落選。面對第1名與第2名之間絕對性的落差，心中感到非常的沮喪。

之後則是一心一意的想要參加世界等級的大賽，Luxardo Gran Premio大賽、內海杯、Coupe du Monde的預賽……雖然不斷的挑戰，但結果卻都一樣。就算能夠通過書面審查，卻也無法掌握第1名的榮耀。

「幾乎分不出優劣，況且名次總是會受到評審個人興趣的影響」

這是某位評審對我做出的鼓勵。但不管挑戰幾次，都因為這個幾乎分不出優劣的落差而敗退。自己一定是欠缺了某種關鍵性的因素。

轉換心情 以廚師身份參賽

32歲時，我在冰川會館晉升主廚一職。整間店全都交給自己一個人負責，忙碌的每一天開始讓我漸漸脫離那一心一意追著比賽的日子。就是在這個轉換期，我得知了WPTC（世界甜點大賽）的存在。這是每2年在美國舉辦一次的國際比賽，會選出3人一組的團隊代表國家參賽。而且很剛好的，日本正在舉辦預賽。

身為主廚實在不容易安排時間參加，但也想到或許可以成為激發店內晚輩的原動力，最後還是決定參加預賽。

過去總是將焦點集中在各個細節上，這一次放鬆心情面對整場比賽，發現自己的視野很自然而然的拓展開來，過去不曾想到的創意跟有趣的想法，一個又一個的湧現。預賽的項目只有糖人藝術，限制時間為7小時。將主題訂為「和彩」（日本色彩）並製作了鼓。由於色彩將扮演關鍵性的角色，因此徹底研究了日本獨自的配色。

那一次所付出的努力，得到了最高等級的回報，獲得優勝。主題跟配色得到了很高的評價。

「只有林師傅才有辦法做出這種顏色」

在剛開始接觸糖人藝術的時候，不知道色素種類非常豐富，只用超市所能買到的紅、黃、藍等三種顏色來混合。但光是這三色卻無法創造出唯妙唯肖鮮艷色彩。

進入世界等級

終於得到前往世界大賽的門票。團隊的成員是武藤修司先生與和泉光一先生。兩位在我開始學習糖人藝術之前就已經非常的活躍，對於海外大賽也都經驗老到，是讓人欽佩的學長們。團隊經理是帝國飯店的望月完次郎先生，團隊代表則是二葉製菓學校的加藤信校長。遙不可及的大人物，突然之間成為同一個團隊的成員。

大會共通的主題為「陰陽」，課題是糖人藝術、巧克力藝術、糖花跟口味。巧克力藝術由和泉先生負責、糖花跟口味交給武藤先生、我則擔任糖人藝術。另外決定糖人藝術以陽為主題，巧克力藝術以陰為主題，由糖花負責將兩者串聯在一起。

距離正式比賽還有一年的時間。這段期間內進行了13次共同練習，老一輩的學長們也都到場提供意見。對於完全是自己獨自學習的我來說，這是第一次有機會可以積極發問。除了提升糖人藝術的技巧之外，還有巧克力藝術、味道審查之中味道的組合等等，各種技術與知識像是洩洪的水壩一般流入。

同時自己也注意到了團隊合作的重要性。比賽中總是一路孤軍奮鬥，對這樣的我來說所有一切都是醒目的發現。

大會地點在美國亞利桑那州的鳳凰城，為期兩天。作業時必須在規定時間提出審查味道的蛋糕，時間一到所有人都必須停下手邊的作業，一起來幫蛋糕裝飾。必須要有絕佳的團隊默契，才有辦法在時間之內完成所有的作品。

正式比賽中不被允許的失敗

「優勝者毫無疑問會是日本」，看

到練習狀況的學長們都異口同聲的這麼認為，其他國家的隊伍也都有意識到這點，把日本當作主要的假想敵。

比賽當天11個國家的隊伍齊聚一堂，會場內設有各國隊伍自己的作業台跟廚房。

現場所充滿的熱度與氣氛，跟練習時舒適的環境完全不同。

在第一天順利結束之後，第二天也展現練習的成果以絕佳的團隊默契將蛋糕完成，只要再做好糖花即可大功告成。WPTC沒有特別限制作品的高度，日本隊在此挑戰前所未聞的2.2公尺。

將準備擺在頂端的巨大裝飾拿在手中，關鍵的一刻終於來臨。在極度的緊張之下，我將裝飾品確實的按上、固定。確定糖已經凝固之後輕輕的將手鬆開。轉過頭來，到和泉先生的巧克力也剛好達到同樣的高度，觀眾席爆出如雷的掌聲。

整個會場包覆在興奮之中，就在我鬆懈下來的那一剎那——巨大的糖花已經從眼前消失。

在響徹整個會場的倒塌聲中，眼前的糖人四分五裂垮下，只留下原本一半的高度。距離比賽結束，只剩下15分鐘。

腦中一片空白，僵在原地無法動彈。此時兩位隊友跑過來拍了我的肩膀。

「沒關係，還有15分鐘！」

回過神後匆匆忙忙的，三人盡可能將剩下來的零件黏回去。

結果不用看也知道……腦中雖然已經完全放鬆，卻很意外的得到了第二名。

損壞的作品還能得到第二名，如果完好的話不用說一定可以拿下冠軍。在所有人都相信一定可以奪下冠軍的比賽之中，我犯下了無可挽回的錯誤。

「團體的賽事當然由團體負責，不是你一個人的錯」

看到消沉的我，隊友們紛紛表示安慰。前來探望的人也沒有任何一位表達責怪。面對大家的溫情，自己又是高興又是悔恨。一方面覺得這應該是我人生最後一場比賽，另一方面卻又無法割捨。

怎樣才能得到自己可以接受的結果、怎樣才能回報大家的恩情？把失敗當作重新出發的原動力，我又一次的展開挑戰的旅程。

只有團體賽才能完成的作品

這次選擇的舞台是Coupe du Monde大賽。活用在WPTC所學到的知識，用巧克力藝術的項目來參加預賽、展開奮鬥。很榮幸的被選為日本代表隊的隊長，過去由學長們所代領的我，這次換成要代領大家前進。

話雖如此，隊友們個個都是意氣風發的好手。若林繁先生在2000年我剛開始參賽的時候，就已經在日本蛋糕秀的糖人藝術項目中獲得冠軍，山本健先生則是全國聞名的冰雕高手。自己雖然是最年長的成員，但就資歷來看，兩位隊友都是讓人感到尊敬的先達。

「想想看，有什麼是必須三個人才有辦法完成的糖花」

無論如何，我都想製作只有團體競賽才能完成的作品。冰雕雖然會擺在不同的房間展示，但巧克力跟糖人藝術的糖花則是擺在一起陳列。考慮到這點，我們決定將巧克力跟糖人藝術連在一起，讓兩項作品合而為一。

這次的作品雖然有高度上的限制，但放置糖花的展示台卻沒有特別規定。於是我們訂做1公尺高的壓克力台座，並設計出融合巧克力與糖人的巨大糖花作品。

絕對不能再讓作品出事。盡可能設計出堅固又穩定的構圖，還刻意在氣溫30℃的嚴苛環境之中練習。WPTC的時候正是因為比賽現場的溫度過高，讓糖無法順利的黏接在一起。

比賽中最會受矚目的時機，就是將作品移到展示台的那一瞬間。山本先生跟我會將整個展示台搬起來，由若林先生將作品放到台上。時機上要是有任何誤差，作品就會整個倒過來掉在地上，是非常驚險的作業。在所有觀眾的視線都集中在日本隊的狀況下，我們將作品拿起來，一點一滴的慢慢移動。

順利完成之後糖人與巧克力完美的結合在一起，成為美麗的糖花作品。看著眼前團隊上下齊心協力所完成的作品，心中感慨萬千。

結果雖然沒有奪得冠軍，但大家都已經盡了全力。心中充滿著無比的成就感，沒有感到絲毫的悔恨。

每天都是大賽

一開始我的眼光都只放在優勝，但是透過WPTC、Coupe du Monde等賽事，以及讓人尊敬的隊友跟支援我們的所有人，自己在心態出現很大的改變。所有人都有值得我學習的部分，所有人都是我的老師。

這些比賽、以及比賽中所相遇的人們，毫無疑問的協助我成長到另一個階段。

其中我所學到的一點，是在味道審查之中徹底面對單一項材料的樂趣。製作糖花作品則可以培養宏觀的視野，讓人將焦點從單一甜點放大到整個展示櫃、整個店面在街上給人的感覺。

為了能在比賽時間之內完成作品，也創造出了許多可以讓作業更有效率的，只屬於自己的小方法。

高過這一切的收穫，是切身體會到團隊合作的重要性。失敗的時候因為有伙伴們的支持，才有辦法再接再厲。無法一個人完成的巨大糖花藝術，也是大家合作才有辦法呈現。在一家店內也是如此。賣場跟廚房互相配合、點心師之間互相幫助，只有店內上下齊心協力，才能創造出最棒的甜點。

對於身為主廚負責經營一家店的自己來說，每一天都是比賽。店內所有員工都是隊友，評審則是光顧的客人。比賽時做得不好，學長們會提出建議，但客人卻是以後再也不會賞光，相信沒有比這更為嚴苛的評審才是。

唯一令人感到遺憾的，是不曾在世界大賽中取得優勝。兩次出場都是由法國隊奪下冠軍。

希望有一天可以有機會超越法國隊。不要光是陶醉在過去的榮耀之中，希望自己能一生不斷挑戰，到了70歲也跟年輕人們一起挑戰世界大賽。無止盡的夢想今後也將持續下去。

昇華 —溫熱的焦糖醬汁— 第91頁

材料（份量50盤）

●焦糖果凍

細砂糖……125g
礦泉水……375g
和三盆糖……30g
明膠……6g

●咖啡奶凍

咖啡豆（深焙）……50g
牛奶……450g
和三盆糖……100g
明膠……10g
45%生奶油……300g

●巧克力芭菲

炸彈麵糊
細砂糖……225g
礦泉水……110g
蛋黃……225g
可可含量66%的巧克力……300g
35%生奶油……750g

●椰子冰砂

椰子果泥……800g
礦泉水……400g
細砂糖……80g
椰子力嬌酒……50g

●和三盆糖香堤

45%生奶油……500g
和三盆糖……60g

●和三盆糖雪糕（完成份量約1公斤）

蛋黃……170g
和三盆糖……210g
牛奶……700g

●焦糖醬汁

細砂糖……480g
麥芽糖……160g
35%生奶油……1450g
香草……1根

巧克力、杏仁蛋白霜（83頁）、糖粉……適量

製作方法

製作焦糖果凍

1 將細砂糖煮到出現微微的金黃色為止。
2 加上礦泉水、加上和三盆糖來進行混合。
3 加上明膠使其溶化，倒入直徑3.6公分的小蛋糕（PomPonette）模具，放到冰箱冷凍凝固。

製作咖啡奶凍

1 將咖啡豆浸泡在牛奶3天。將豆子去除，使用400g的份量。
2 將和三盆糖加到**1**來攪拌溶化，另外再跟溶化的明膠混合。
3 跟攪拌到發泡7分的生奶油混合。倒到直徑6公分的圓頂型模具內，將焦糖果凍埋進去後放到冰箱冷凍。使用前事先解凍。

製作巧克力芭菲

1 製作炸彈麵糊。將細砂糖與礦泉水煮沸，把蛋黃一點一滴的加入混合。倒到鍋內加熱，煮到濃稠為止。
2 過濾之後移到攪拌碗內，用打蛋器攪拌發泡，直到出現厚實沉重的感覺為止。
3 將生奶油攪拌到發泡7分之後，把一半倒到融化的巧克力內進行乳化。
4 把**2**加到**3**之後，將剩下的生奶油加入混合。
5 倒到直徑6.5公分的矽膠模內，放到冰箱冷凍凝固。

製作椰子冰砂

1 將所有材料混合在一起，放到冰箱冷凍凝固。
2 用叉子進行攪拌，塞到直徑6.5公分的矽膠模內，再次放到冰箱冷凍。

製作和三盆糖香堤

1 將和三盆糖加到生奶油內，用打蛋器攪拌到發泡凝固。

製作和三盆糖雪糕

1 將蛋黃與和三盆糖混合，翻動底部攪拌均勻。
2 加上煮沸的牛奶，用鍋子煮到濃稠為止，過濾後散熱到可以作業的溫度。
3 放到冰淇淋機使其凝固。

製作焦糖醬汁

1 將細砂糖與麥芽糖煮到黃金色。
2 將生奶油與香草煮沸，加到**1**來進行混合。

裝盤與修飾

1 參閱101頁來將巧克力調溫，倒在OPP膜上使其凝固，用直徑6公分的圓形模具分割。
2 製作巧克力的裝飾品。在OPP膜放上三角形開口的Chablon凝固板，倒上調溫過的巧克力。從模具卸下，用擀麵棍捲起來做出造型。
3 將巧克力芭菲放到盤子上，疊上椰子冰砂、**1**。用星形花嘴來擠上香堤。
4 放上咖啡奶凍，貼上巧克力裝飾品。
5 放上碎的杏仁蛋白霜，用濾網篩上糖粉。
6 添上一球雞蛋形的和三盆糖雪糕，將熱騰騰的醬汁倒到**5**上面。

「和三盆糖」是用日本傳統製法所製造的高級砂糖，具有溫和的甜度與銳利感。

西洋梨的糖煮水果 配上波特酒風味的半乾燥無花果 第92頁

材料（份量16盤）

●西洋梨的糖煮水果

白酒……300g
礦泉水……1000g
細砂糖……300g
檸檬皮……2顆
乾燥香草……4根
八角……10g
西洋梨（完全成熟）……8顆

●黑無花果的糖煮水果

黑無花果（半乾燥）……300g
紅寶波特酒……300g
橘子皮……1/2顆

●香料杏仁鮮奶油

發酵奶油……120g
糖粉……112g
蜂蜜……24g
蛋（整顆）……145g
杏仁粉……120g
低筋麵粉……30g
發粉……0.6g
肉桂粉……2g
芫荽粉……0.4g
丁香粉……0.6g
薑粉……0.4g
八角粉……0.8g

杏仁酒……適量

●外交官式鮮奶油

卡士達鮮奶油（48頁）……300g
鮮奶油香堤（48頁）……75g

細砂糖、八角……適量

製作方法

製作西洋梨的糖煮水果

1 將西洋梨以外的材料放到鍋內煮沸。
2 將西洋梨去皮之後切成一半。把**1**的火關掉，將西洋梨放入。散熱到可以作業的溫度後，放到冰箱冷藏，浸泡24小時。

製作黑無花果的糖煮水果

1 將所有材料放到鍋內煮沸，進行真空處理。放到冰箱冷藏，浸泡24小時。

製作香料杏仁鮮奶油

1 在攪拌碗內放入蠟狀的奶油，加上糖粉，翻動底部攪拌到泛白為止。
2 加上蜂蜜混合，將蛋（整顆）分成3～4次加入之後攪拌均勻。
3 將剩下的材料一起篩上，全部加在一起攪拌均勻。
4 倒到直徑6.5公分的矽膠模內，放到烤箱用170℃的溫度烤15分鐘。
5 烤好之後馬上用毛刷將杏仁酒刷上。

製作外交官式鮮奶油

1 將材料加在一起混合均勻。

裝盤與修飾

1 將外交官式鮮奶油鋪到盤子上，篩上細砂糖後用噴火槍烤焦。
2 趁香料杏仁鮮奶油還處於微溫狀態的時候放到**1**上面，擠上少量的外交官式鮮奶油。
3 將西洋梨與無花果稍微加熱，把西洋梨放到**2**上面。周圍放上無花果跟八角，並倒上少量的無花果糖漿。
4 用糖人藝術、百里香的葉子進行裝飾。

法國出產的半乾燥黑無花果。具有果肉紮實，不容易煮爛等特徵。

滿滿一盤的柑橘類 與餐後的甜酒一起享用 **第93頁**

材料

●冷凍柑橘慕斯（直徑3公分×長10公分的筒狀60根）

炸彈麵糊
- 細砂糖……70g
- 礦泉水……35g
- 蛋黃……105g

義式蛋白霜
- 蛋白……210g
- 細砂糖……245g
- 礦泉水……70g

- 45%生奶油……870g
- 檸檬皮（磨碎）……1/2顆
- 糖漬橘片……45g
- 糖漬檸檬片……45g
- 白柑桂酒……45g

●沙巴雍醬汁
- 蛋黃……40g
- 蛋（雞蛋）……230g
- 細砂糖……200g
- 檸檬皮（磨碎）……1顆
- 白酒……280g

●四季橘雪寶（完成份量1公斤）
- 四季橘果泥……132g
- 礦泉水……665g
- 細砂糖……280g
- 蛋白……20g

●檸檬糖
- 細砂糖……100g
- 檸檬皮（磨碎）……1顆

●薄烤瓦片餅
- 巴拉金糖……300g
- 麥芽糖……150g
- 礦泉水……45g
- 薄烤派皮碎片……30g

橘子、細砂糖、甜白酒……適量

製作方法

製作冷凍柑橘慕斯

1 製作炸彈麵團。將細砂糖與礦泉水煮沸，將蛋黃一點一滴的加入混合。倒回鍋內加熱，煮到出現濃稠的感覺為止。

2 過濾之後移到攪拌碗內，用打蛋器攪拌發泡，直到帶有厚重的感覺為止。

3 參閱83頁來製作義式蛋白霜。

4 將攪拌到發泡7分的生奶油加到**2**來進行混合，把**3**加入攪拌柔滑為止。

5 將剩下的材料放到食物處理器來絞碎，加到**4**來進行混合。擠到模具之內，放到冰箱冷凍凝固。

製作沙巴雍醬汁

1 將白酒以外的材料放到鍋內，翻動底部攪拌混合。

2 加上白酒之後開火加熱，一邊混合一邊煮到濃稠為止。過濾、冷卻之後再來使用。

製作四季橘雪寶

1 將果泥、礦泉水、細砂糖加在一起確實攪拌溶化。

2 放到冰淇淋機進行處理。快要凝固之前加上打散的蛋白，再次用冰淇淋機處理1分鐘左右，形成輕飄飄的質感。

製作檸檬糖

1 將細砂糖與檸檬皮混合，翻動底部攪拌讓檸檬皮的水分滲入細砂糖之中。

2 攤在鋪上烘培墊的烤盤上，放到150～160℃的烤箱內結晶化。

製作薄烤瓦片餅

1 將巴拉金糖、麥芽糖、礦泉水煮到160℃。

2 將薄烤派皮碎片加入混合，倒到烘培墊上使其完全凝固。

3 放到食物調理機來處理成粉末。

4 在鋪上烘培墊的烤盤放上三角形開口的Chablon凝固板，用濾網將**3**篩上之後從模具卸下。放到150℃的烤箱內融化，用擀麵棍捲起。

裝盤與修飾

1 將冷凍慕斯塞到瓦片餅內並放到盤子上。

2 將橘子切成梳子狀（一瓣一瓣），篩上細砂糖用噴火槍將表面烤焦。

3 將橘子排上並灑上檸檬糖，然後用醬汁拉出線條。放上一球橢圓形的雪寶，跟甜白酒一起享用。

四季橘果泥，具有類似酢橘的爽朗芳香與酸苦味。

格雷伯爵風味的巧克力蛋糕與葡萄柚冰砂 **第94頁**

材料（份量20盤）

●格雷伯爵甘納許
- 礦泉水……45g
- 格雷伯爵紅茶的茶葉……12g
- 35%生奶油……100g
- 轉化糖……25g
- 可可含量40%的牛奶巧克力……212g

●巧克力蛋糕
- 可可含量56%的牛奶巧克力……500g
- 無鹽奶油……75g
- 蛋黃……100g

蛋白霜
- 蛋白……425g
- 細砂糖……200g

- 低筋麵粉……50g

●英式奶油
- 牛奶……300g
- 香草……1/2根
- 蛋黃……80g
- 細砂糖……70g

●玫瑰葡萄柚冰砂
- 粉紅葡萄柚果汁……375g
- 礦泉水……150g
- 細砂糖……95g
- 白柑桂酒……20g

鮮奶油香堤（糖4%）、糖粉、紅加侖、肉桂粉、Mandarine Napoleon……適量

製作方法

製作格雷伯爵甘納許

1 將礦泉水煮沸之後放入茶葉，加蓋悶2分鐘。

2 加上生奶油與轉化糖之後再次煮沸，加蓋悶5分鐘讓香味附著。

3 過濾之後使用125g，不夠的場合加上生奶油來進行調整。

4 將融化的巧克力跟**3**加在一起進行乳化。倒到直徑3.6公分的小蛋糕（PomPonette）模具內，放到冰箱冷凍凝固。

製作巧克力蛋糕

1 將巧克力與奶油混合，加熱到40℃使其融化。

2 加上蛋黃攪拌均勻。

3 把蛋白跟細砂糖打到發泡，確實製作成蛋白霜之後將3分之1倒到**2**。

4 加上低筋麵粉來進行混合，將剩下的蛋白霜倒入，攪拌時不要將蛋白霜的氣泡壓破。

5 將捲成筒狀的烘培專用紙鑲到直徑6公分的環形蛋糕模具內，放到烘培墊上。將麵糊倒到烘培專用紙一半的高度。

6 將甘納許埋入，用剩下的麵糊倒到5公分左右的高度。放到烤箱用160℃的溫度烤15分鐘。

製作英式奶油

1 將牛奶跟香草煮沸。

2 將蛋黃跟細砂糖混合之後加到**1**。倒回鍋內，一邊攪拌一邊煮到濃稠並進行過濾。以溫熱的狀態來使用。

製作玫瑰葡萄柚冰砂

1 將所有材料加在一起混合，放到冰箱冷凍凝固。用叉子攪拌來成為顆粒狀的口感。

裝盤與修飾

1 將英式奶油鋪到盤子內，放上橢圓形的鮮奶油香堤跟剛烤好的巧克力蛋糕，用濾網篩上糖粉。放上紅加侖來進行裝飾並灑上肉桂粉。

2 將冰砂裝到雪利杯來放到盤子上。

3 趁巧克力蛋糕還是熱的時候，用噴霧器將Mandarine Napoleon噴上來散發出芳香。

Mandarine Napoleon被稱為「橘子力嬌酒的皇帝」，散發出柔和又濃郁的芳香。

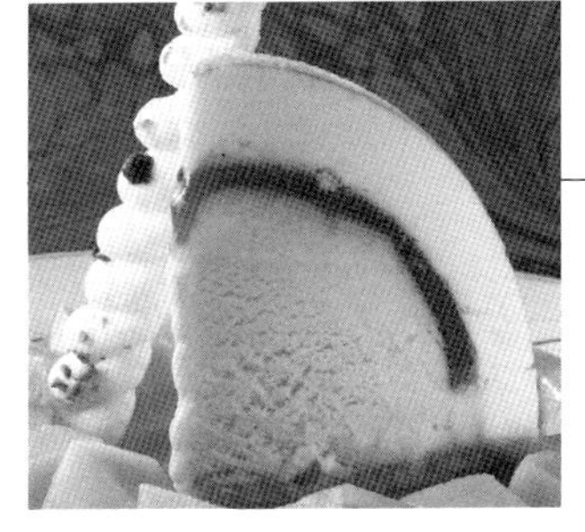

熱帶風味的冷盤甜點 第95頁

材料（直徑15公分的圓頂模具4份）

●檸檬杏仁達可瓦滋

蛋白霜
- 蛋白……140g
- 細砂糖……70g

- 檸檬皮（磨碎）……1顆
- 糖粉……96g
- 杏仁粉……135g

●香草冰淇淋
- 蛋黃……218g
- 細砂糖……210g
- 牛奶……650g
- 香草……1/2根

●覆盆子果凍
- 果膠……4g
- 細砂糖……105g
- 覆盆子果泥……220g
- 冷凍覆盆子（碎片）……140g
- 麥芽糖……80g
- 櫻桃酒……20g

●檸檬椰子冷凍鮮奶油
- 牛奶……800g
- 35%生奶油……400g
- 轉化糖……40g
- 脫脂奶粉……100g
- 細砂糖……200g
- 椰子果泥……400g
- 椰子力嬌酒……80g
- 檸檬皮（磨碎）……1又1/2顆

●鳳梨雪寶
- 細砂糖……28g
- 穩定劑……3.2g
- 鳳梨果泥……1000g
- 麥芽糖……160g
- 轉化糖……53g
- 檸檬汁……25g
- 櫻桃酒……10g

●芒果醬汁
- 芒果果泥……1000g
- 檸檬汁……60g

可可奶油、食用色素（橘色）、椰子蛋白霜（83頁）、開心果、芒果……適量

製作方法

製作檸檬杏仁達可瓦滋

1　把蛋白跟細砂糖打到發泡，確實製作成蛋白霜之後加上檸檬皮混合。

2　加上糖粉跟杏仁粉來迅速混合。

3　在鋪上烘培墊的烤盤上，用圓形花嘴擠上直徑15公分大小的螺旋狀，放到烤箱用170℃的溫度烤15分鐘。

製作香草冰淇淋

1　將蛋黃與細砂糖加在一起，翻動底部攪拌均勻。

2　將牛奶跟香草煮沸之後加到**1**。用鍋子煮到濃稠之後過濾。

3　放到冰淇淋機來進行凝固。

4　裝到容量180立方公分的砲彈型模具內，放到冰箱冷凍凝固。

製作覆盆子果膠

1　將果膠跟細砂糖加在一起，翻動底部攪拌混合。

2　將櫻桃酒以外的材料跟**1**放到鍋子加熱，煮沸之後將櫻桃酒加入。

3　將直徑15公分的環形蛋糕模具放到烘培墊上，立刻將**2**倒入，放到冰箱冷凍凝固。

製作檸檬椰子冷凍鮮奶油

1　將牛奶、生奶油、轉化糖煮沸。

2　將脫脂奶粉跟細砂糖混合，加到**1**使其溶化。

3　將果泥、力嬌酒、檸檬皮加在一起混合，散熱到可以作業的溫度後，放到冰淇淋機處理成固態。

製作鳳梨雪寶

1　事先將細砂糖跟穩定劑加在一起混合。將所有材料加在一起，放到冰淇淋機使其凝固。

製作芒果醬汁

1　將材料混合在一起。

製作冷盤用的冰淇淋

1　將檸檬椰子冷凍鮮奶油塗在容量1000立方公分的砲彈型模具的整個內側。

2　內部放上另一個容量500立方公分的砲彈型模具，用檸檬椰子冷凍鮮奶油將模具之間填滿，放到冰箱冷凍凝固。

3　將500立方公分的砲彈型模具卸下，塗上覆盆子果醬。塗上一層鳳梨雪寶，將香草冰淇淋從模具中卸下，埋進去之後將表面抹平。

4　疊上檸檬杏仁達可瓦滋，放到冰箱冷凍凝固。

5　將色素加到融化的可可奶油，製作成橘色的噴槍用巧克力。

6　將**4**從模具中卸下，整個表面噴上噴槍用巧克力。

裝盤與修飾

1　用圓形花嘴將椰子蛋白霜擠成棒狀，灑上切碎的開心果之後進行乾燥。

2　將冷盤用的冰淇淋切成8片來放到盤子內，周圍擺上切成2公分方塊的芒果。

3　把醬汁倒到冰淇淋與芒果之間，用**1**進行裝飾並做最後的修飾。

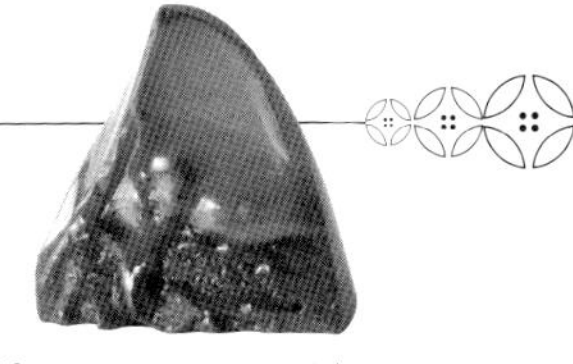

火箭巧克力 第86頁

材料（巧克力模具10片）

●焦糖杏仁酒
- 細砂糖……300g
- 35%生奶油……80g
- 無鹽奶油……90g
- 溶漿……240g
- 榛果果仁糖……60g
- 杏仁酒……60g

●焦糖化的胡桃
- 胡桃……64g
- 細砂糖……30g
- 麥芽糖……8g
- 無鹽奶油……4g

●咖啡甘納許
- 咖啡豆（中焙、中磨）……40g
- 35%生奶油……400g
- 牛奶……40g
- 可可含量40%的牛奶巧克力……300g
- 可可含量70%的巧克力……195g
- 無鹽奶油……30g

可可奶油、食用色素（紅）、可可含量70%的巧克力……適量

製作方法

製作焦糖杏仁酒

1　將細砂糖煮到黃金色。

2　加上煮沸的生奶油來進行混合。

3　加上蠟狀的奶油跟溶漿，確實攪拌均勻。

4　把榛果果仁糖跟**3**加在一起進行乳化。

5　加上杏仁酒，整體攪拌均勻。

製作焦糖化的胡桃

1　將胡桃烘培到金黃色之後切碎。

2　將細砂糖與麥芽糖煮到金黃色之後把火關掉。

3　把**1**加入，讓所有胡桃都可以被糖衣包覆，加上奶油攪拌均勻。

4　鋪到烘培墊上，散熱到可以作業的溫度後切碎。

製作咖啡甘納許

1　把咖啡豆、生奶油、牛奶加在一起浸泡3天。

2　把**1**煮沸之後過濾，使用350g的份量。不夠的場合加上生奶油來進行調整。

3　將兩種巧克力加在一起加熱到40℃的溫度，跟**2**加在一起進行乳化。

4　加上蠟狀的奶油，攪拌到整體成為柔滑的感覺為止。

倒到模具內與修飾

1　將可可奶油融化，加上色素來製作成噴槍用的巧克力，噴到整個模具上使其凝固。

2　參閱右項將巧克力調溫，完成後倒到模具內，將模具顛倒過來去除多餘的部分。用抹刀將邊緣多出來的部分去掉之後進行凝固。

3　將焦糖倒到模具一半的高度，灑上膠糖化的胡桃，在常溫下進行凝固。

4　用甘納許倒到9分滿，放置24小時來進行凝固。

5　將調溫過的巧克力倒入，用抹刀將表面抹平，凝固後從模具中卸下。

巧克力的調溫

1　將巧克力融化之後加熱到50℃。白巧克力、牛奶巧克力則加熱到45℃。

2　將容器放到冷水之中，一邊攪拌一邊散熱到26℃。白巧克力、牛奶巧克力則散熱到25℃。

3　使用時加熱到31.5℃再來使用。白巧克力、牛奶巧克力則加熱到30.5℃再來使用。

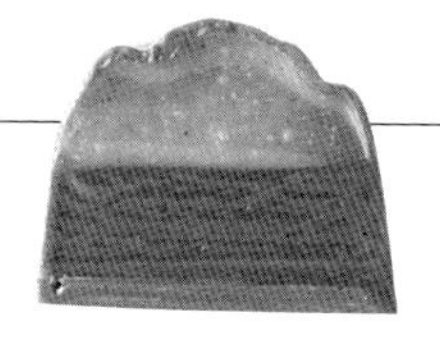

叢林巧克力　第88頁

材料（巧克力模具10片）

●焦糖百香果

- 細砂糖……345g
- 麥芽糖……192g
- 35%生奶油……92g
- 香草糊……1g
- 百香果果泥……288g
- 芒果果泥……88g
- 椰子果泥……88g
- 無鹽奶油……96g

●焦糖甘納許

- 細砂糖……250g
- 35%生奶油……400g
- 香草糊……1g
- 可可含量66%的巧克力……200g
- 可可含量40%的牛奶巧克力……375g
- 椰子力嬌酒……100g

可可奶油、食用色素（橘色）、可可含量66%的巧克力……適量

製作方法

製作焦糖百香果

1　將細砂糖與麥芽糖煮到出現淡金黃色、稍微接近焦糖的狀態。

2　將生奶油與香草煮沸之後加到**1**，加上果泥與奶油使其融化，煮到104℃。

製作焦糖甘納許

1　將細砂糖煮到金黃色。

2　將生奶油跟香草糊煮沸之後加到**1**來進行混合，將融化的兩種巧克力加上來進行乳化。

3　跟蠟狀的奶油混合，加上力嬌酒並攪拌到整體柔滑為止。

倒到模具內與修飾

1　將可可奶油融化，加上色素來製作成噴槍用巧克力，噴到整個模具上使其凝固。

2　參閱101頁來將巧克力調溫，完成後倒到模具內，將模具顛倒過來去除多餘的部分。用抹刀將邊緣多出來的部分去掉之後進行凝固。

3　將焦糖倒到模具一半的高度，在常溫下進行凝固。

4　用甘納許倒到9分滿，放置24小時來進行凝固。

5　將調溫過的巧克力倒入，用抹刀將表面抹平，凝固後從模具中卸下。

寶石巧克力　第87頁

材料（份量各100個）

●紅加侖、開心果

紅加侖水果麵糊

- 紅加侖果泥……412g
- 細砂糖……495g
- 果膠……11.5g
- 麥芽糖……165g
- 檸檬汁……33g

開心果甘納許

- 35%生奶油……210g
- 轉化糖……25g
- 開心果糊……112g
- 白巧克力……250g
- 可可含量40%的牛奶巧克力……80g
- 無鹽奶油……70g
- 櫻桃酒……30g

巧克力（調溫用）……適量

紅加侖果醬

- 紅加侖果泥……500g
- 細砂糖……380g
- 果膠……10g
- 檸檬汁……30g

●橘子、椰子

橘子水果麵糊

- 柳橙汁……335g
- 濃縮橘子果泥……40g
- 橘子皮（磨碎）……3/4顆
- 細砂糖……570g
- 果膠……12g
- 麥芽糖……150g
- 檸檬汁……60g

椰子甘納許

- 白巧克力……486g
- 可可奶油……38g
- 椰子果泥……243g
- 椰子力嬌酒……14g

巧克力（調溫用）……適量

杏子、橘子果醬

- 杏子果醬……480g
- 橘子糊……120g
- 橘子皮（磨碎）……1顆

●青蘋果、格雷伯爵紅茶

青蘋果水果麵糊

- 青蘋果果泥……375g
- 細砂糖……525g
- 果膠……10.5g
- 麥芽糖……150g
- 檸檬汁……45g

格雷伯爵紅茶甘納許

- 礦泉水……102g
- 格雷伯爵紅茶的茶葉……27g
- 35%生奶油……240g
- 轉化糖……66g
- 可可含量40%的巧克力牛奶……540g
- 無鹽奶油……100g

巧克力（調溫用）……適量

- 蘋果（冷凍、澳洲青蘋）……450g
- 礦泉水……90g
- 檸檬汁……30g
- 細砂糖……150g
- 果膠……9g

巧克力、細砂糖（顆粒較粗的類型）、可可奶油……適量

製作方法

製作紅加侖、開心果的零件

1　製作紅加侖水果麵糊。事先將細砂糖跟果膠混合在一起，所有材料放到鍋內，用大火一口氣煮到106℃。趁熱倒到30公分×15公分的框架內，在常溫下凝固。

2　製作開心果甘納許。將生奶油跟轉化糖煮沸。

3　將開心果糊跟兩種巧克力混合，加熱到40℃，跟**2**加在一起進行乳化。

4　跟蠟狀的奶油混合，加上櫻桃酒，攪拌到柔滑為止。

5　倒到30公分×15公分的框架內，在常溫下放置24小時凝固。

6　從框架之中卸下，塗上一層薄薄的調溫過的巧克力（參閱101頁），凝固之後翻過來，在背面也塗上薄薄一層巧克力來進行凝固。

7　製作紅加侖果醬。事先將細砂糖跟果膠混合在一起，所有材料放到鍋子內，煮到糖度達到60brix為止。

製作橘子、椰子的零件

1　用跟紅加侖、開心果的**1**一樣的程序來製作橘子水果麵糊。

2　製作椰子甘納許。將巧克力跟可可粉混合在一起來加熱到40℃，跟加熱到60℃的果泥混合在一起進行乳化。

3　加上力嬌酒，攪拌到柔滑、均勻為止。

4　倒到30公分×15公分的框架內，在常溫下放置24小時凝固。

5　從框架之中卸下，塗上一層薄薄的調溫過的巧克力，凝固之後翻過來，在背面也塗上薄薄一層巧克力來進行凝固。

6　製作杏子、橘子果醬。將所有材料煮沸，調整到適當的硬度。

製作青蘋果、格雷伯爵紅茶的零件

1　用跟紅加侖、開心果的**1**一樣的程序來製作橘子水果麵糊。

2　製作格雷伯爵紅茶甘納許。將礦泉水煮沸之後加上茶葉，加蓋悶2分鐘來激發出香味。

3　加上生奶油跟轉化糖來再次煮沸，加蓋悶5分鐘。過濾之後使用300g，不夠的場合加上生奶油來調整。

4　將加熱到40℃的巧克力跟**3**加在一起進行乳化，加上蠟狀的奶油進行攪拌，確實混合到柔滑。

5　倒到30公分×15公分的框架內，在常溫下放置24小時凝固。

6　從框架之中卸下，塗上一層薄薄的調溫過的巧克力，凝固之後翻過來，在背面也塗上薄薄一層巧克力來進行凝固。

7　製作青蘋果果醬。將所有材料放到鍋內，煮到糖度達到60brix為止。

組合與修飾（各種通用）

1　將調溫過的巧克力倒到直徑4公分的小塔模具內，翻過來將多餘的部分倒掉。用抹刀將邊緣多出來的部分刮掉後進行凝固。

2　從模具卸下，用果醬把整個內部填滿。

3　將調溫過的巧克力倒到OPP膜來進行凝固，用直徑4公分的圓形模具分割。放到**2**上面當作蓋子。

4　將水果麵糊切成1.5公分的方塊，篩上細砂糖。

5　將甘納許切成1.5公分的方塊，在**3**放上2顆，用噴槍噴上融化的可可奶油。

6　趁可可奶油還沒有凝固的時候，放上2顆**4**來進行裝飾。

格雷伯爵紅茶的茶葉，大片的茶葉附帶有香檸檬的芳香。

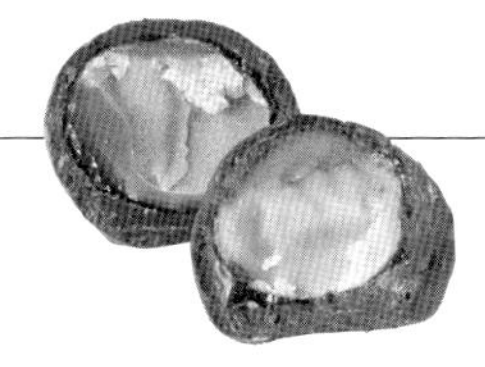

夏威夷豆巧克力 第89頁

材料（份量約300顆）

●焦糖化的夏威夷豆

夏威夷豆……1000g
細砂糖……325g
礦泉水……125g
無鹽奶油……60g
可可含量66%的巧克力……1200g
可可粉……適量

製作方法

製作焦糖化的夏威夷豆

1 將夏威夷豆烘培到黃金色。
2 將細砂糖跟礦泉水煮到115℃。
3 用打蛋器進行攪拌，開始結晶化之後把**1**倒入，確實讓糖衣包覆。
4 一邊混合一邊加熱到整體出現焦糖的顏色。
5 加上奶油使其融化，並跟整體裹在一起，倒到烘培墊上散熱到可以作業的溫度。

跟巧克力裹在一起

1 將焦糖化的夏威夷豆倒到較大的碗內，參閱101頁將巧克力調溫，倒入4分之1的量，用塑膠鏟攪拌讓夏威夷豆可以確實被包覆。
2 凝固之後再次加上4分之1的巧克力，確實裹在一起之後進行凝固。重覆這個作業將所有的巧克力裹上，最後篩上可可粉來進行裝飾。

充滿人情味的法式甜點

在日本東武的東上線大山站前方，是充滿活力的商店街「Happy Road大山」。延續出去的街道上總是散發出充滿朝氣的聲音，彷彿是街道本身對來訪者所發出的訊息一般，充滿了人情味。只要向街上的人詢問是否有賣法式甜點，馬上就可以得知Ma∴tériel的位置。宛如已經在此存在好幾年的一般，融入這片土地之中。

這一切應該都得歸功於Ma∴tériel所擁有的親和力。徹底追求符合日本人味覺的甜點，在老練的造型與輕盈、犀利的味道之中，隱藏著一股有如返家一般的安心感。許多遊客都是全家上下一起前來的這條街道上，這種老少咸宜的美味很自然發出一股溫暖的魅力，讓大家不約而同的前來購買。

日本人最喜歡的牛角麵包，也是店內的招牌商品之一。符合法式甜點的風格，Ma∴tériel的牛角麵包使用大量的奶油，擁有豪華配方，粉絲當然也不少，甚至有人每天都會前來購買。以「每天出現在餐桌上的麵包必須擁有大眾化的價位」為原則，一個僅僅150日圓。

另外也有提供在店內享用的服務，每一道擺盤甜點都擁有當場製作的新鮮感，唯有在現場才能享受得到。

身為主廚的林正明先生，對於世界大賽擁有豐富的經驗，習慣在眾人環視之下展現技巧。透過店內巨大的玻璃窗，可以窺探到廚房之中製作甜點的臨場感。讓製作者、甜點、客人之間的距離更為接近。

就如同主廚「意識到自己的店在整體街道上所呈現的感覺」這句話一般，Ma∴tériel跟在地互相融合，深受當地居民的喜愛。相信在接下來也會跟大山這條街道一起成長下去。

Ma∴tériel是法文「素材」的意思。砂糖、雞蛋、小麥粉等3種素材可以創造出各式各樣的甜點，以這份感動來當作店名。

Coupe du Monde等世界大賽的獎狀。

Matériel
地址 東京都板橋區大山町21-6
白樹館壹號館1樓
電話 03-5917-3206
營業時間 10點～20點 週三公休
http://www.patisserie-materiel.com/

豐富的烘培式甜點，相當罕見的整年都有販賣德式聖誕蛋糕。

展示架內有大約20種生菓子跟6種蛋糕。

TITLE

受賞主廚味覺大革命！ 輕盈爽口的法式甜點

STAFF

出版 瑞昇文化事業股份有限公司
作者 林 正明
譯者 高詹燦 黃正由

總編輯 郭湘齡
責任編輯 林修敏
文字編輯 王瓊苹 黃雅琳
美術編輯 李宜靜
排版 二次方數位設計
製版 明宏彩色照相製版股份有限公司
印刷 皇甫彩藝印刷股份有限公司
法律顧問 經兆國際法律事務所 黃沛聲律師

戶名 瑞昇文化事業股份有限公司
劃撥帳號 19598343
地址 新北市中和區景平路464巷2弄1-4號
電話 (02)2945-3191
傳真 (02)2945-3190
網址 www.rising-books.com.tw
Mail resing@ms34.hinet.net

本版日期 2016年2月
定價 450元

ORIGINAL JAPANESE EDITION STAFF

撮影 南都礼子
アートディレクション 津嶋佐代子
レイアウト 津嶋デザイン事務所
(津嶋佐代子、赤岩桃子)
編集 オフィスSNOW
(畑中三応子、木村奈緒)

國家圖書館出版品預行編目資料

受賞主廚味覺大革命！輕盈爽口的法式甜點／
林正明作；高詹燦，黃正由譯. -- 初版. -- 新北
市：瑞昇文化，2013.02
104面；21x28 公分
ISBN 978-986-5957-47-6 (平裝)

1. 點心食譜

427.16 102002307